Ernst Probst

Die Dolchzahnkatze Smilodon

GRIN Verlag

Bibliografische Information der Deutschen Nationalbibliothek:

Die Deutsche Bibliothek verzeichnet diese Publikation in der Deutschen National-
bibliografie; detaillierte bibliografische Daten sind im Internet über http://dnb.d-
nb.de/ abrufbar.

Impressum:

Copyright © 2011 GRIN Verlag, Open Publishing GmbH
Druck und Bindung: Books on Demand GmbH, Norderstedt Germany
ISBN: 978-3-640-87323-4

Dieses Buch bei GRIN:

http://www.grin.com/de/e-book/169041/die-dolchzahnkatze-smilodon

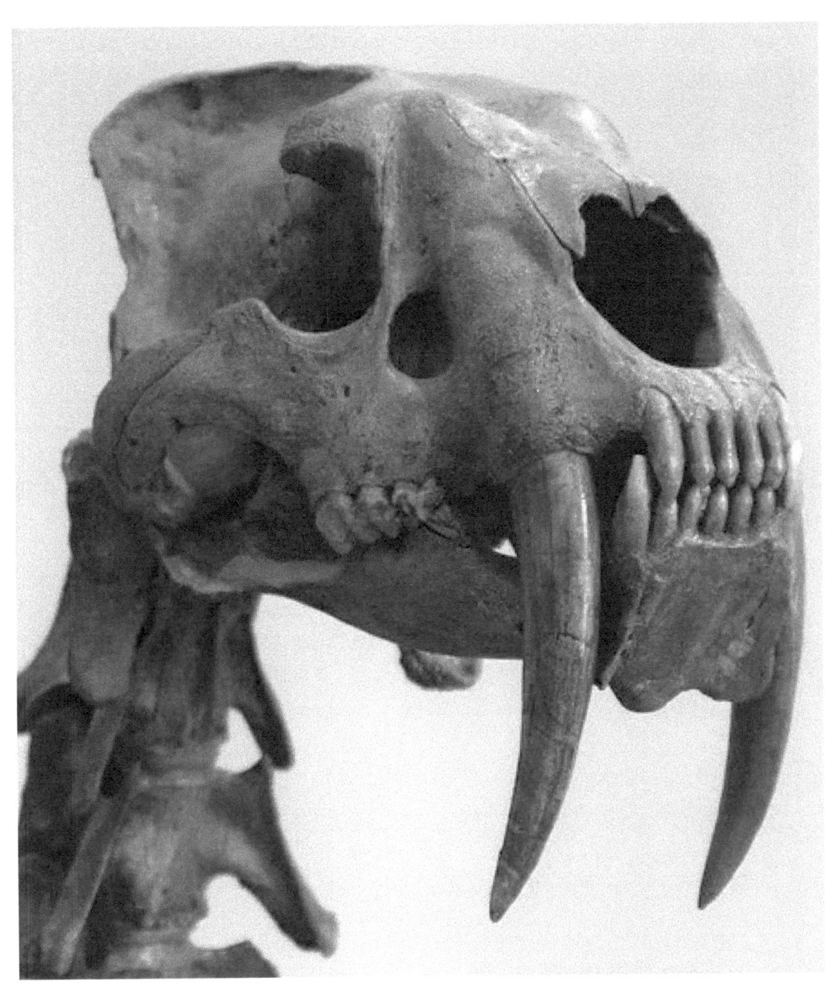

*Schädel der Dolchzahnkatze Smilodon
aus dem Eiszeitalter mit langen Eckzähnen
im Natural History Museum in New York.
Funde von Smilodon kennt man
nur aus Nordamerika und Südamerika.*

Ernst Probst

Die Dolchzahnkatze
Smilodon

INHALT

Säbelzahnkatzen
und Dolchzahnkatzen
in Museen
Seite 69

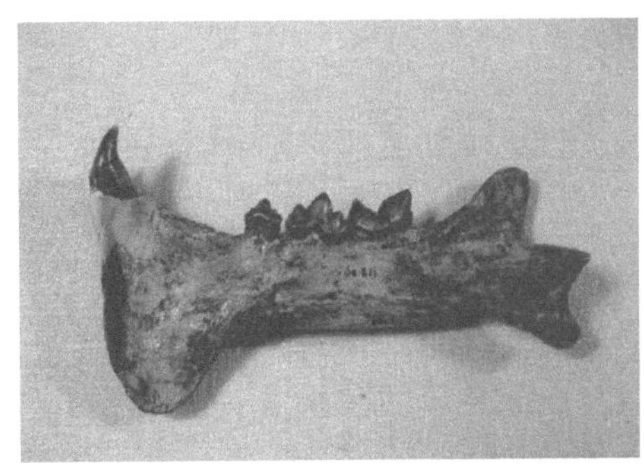

Dank

Für Hilfe bei der Entstehung dieses Taschenbuches danke ich:

René Bleauanus, Gorinchem, Niederlande

Javier Cácaeres, Madrid

Ulrich H. J. Heidtke, Niederkirchen (Pfalz)

Patricio Lorente, La Plata, Argentinien

Sergio De la Rosa Martinez, Toluca, Mexiko

Dick Mol, Experte für fossile Säugetiere
aus dem Eiszeitalter (vor allem vom Mammut),
Hoofddorp, Niederlande

Heiner Roos, Altbürgermeister, 1. Vorsitzender des
Fördervereins Dinotherium-Museum e.V. Eppelsheim

Miron Seffzek,
Urzeitshop (www.urzeitshop.de), Duvensee

Shuhei Tamura, Kanagawa, Japan

Die Dolchzahnkatze
Smilodon

Mit den vor mehr als 2,5 Millionen Jahren bis vor etwa 11.700 Jahren in Nord- und Südamerika vorkommenden Arten der Dolchzahnkatzen-Gattung *Smilodon* befasst sich dieses Taschenbuch des Wiesbadener Wissenschaftsautors Ernst Probst: In Wort und Bild werden *Smilodon gracilis, Smilodon populator* und *Smilodon fatalis* vorgestellt. Davon gilt *Smilodon populator* mit einer Kopfrumpflänge (ohne Schwanz) bis zu 2,10 Metern, einer Schulterhöhe bis zu 1,20 Metern und einem Lebendgewicht von schätzungsweise 220 bis 360 Kilogramm als die größte Dolchzahnkatze aller Zeiten. Jene so genannte „Südamerikanische Säbelzahnkatze" trug bis zu 28 Zentimeter lange Eckzähne, die furchterregend ungefähr 17 Zentimeter aus dem Oberkiefer ragten. Im Gegensatz zu schlanken Säbelzahnkatzen mit verhältnismäßig langen Beinen sowie kürzeren, breiteren, stark gebogenen, krummsäbelartigen Eckzähnen waren Dolchzahnkatzen eher robust gebaut, besaßen kurze und kräftige Beine, einen gestreckten Körper und trugen längere und schmalere Eckzähne. Gewidmet ist dieses Taschenbuch dem Hessischen Landesmuseum Darmstadt, dem Dinotherium-Museum in Eppelsheim und dem Naturhistorischen Museum Mainz, die den Autor bei mehreren Buchprojekten unterstützt haben.

Modell der Säbelzahnkatze Homotherium latidens
aus dem Eiszeitalter, angefertigt von dem niederländischen
Bildhauer Remy Bakker aus Rotterdam

12

Kein Name ist ideal:
Säbelzahntiger, Säbelzahnkatze,
Dolchzahnkatze

Gleich vorweg: Die Namen Säbelzahntiger, Säbelzahnkatze und Dolchzahnkatze sind allesamt mehr oder minder problematisch. Der vor allem gerne von Laien, aber auch von manchen Wissenschaftlern verwendete Ausdruck Säbelzahntiger weckt vielleicht die falsche Vorstellung, dieses Tier sei eng mit dem heutigen Tiger verwandt und immer so groß wie dieser. Auch der etwas modernere Begriff Säbelzahnkatze ist unzutreffend, weil die Eckzähne (Fangzähne) bei den verschiedenen Formen dieser Raubtiere nicht haargenau wie ein Säbel aussehen. Zudem klingt der Wortteil „katze" bei einem bis zu tigergroßen Tier zumindest für Laien etwas merkwürdig.

Nicht nur auf Gegenliebe stößt die Aufsplitterung in Säbelzahnkatzen (englisch: saber-toothed cats, scimitar-toothed cats oder scimitar cats) und Dolchzahnkatzen (englisch: dirktoothed cats). Säbelzahnkatzen heißen – dieser Einteilung zufolge – nur schlanke Gattungen wie *Machairodus* und *Homotherium* mit verhältnismäßig langen Beinen sowie kürzeren, breiteren, stark gebogenen, krummsäbelartigen Eckzähnen. Dolchzahnkatzen wie die Gattungen *Megantereon* und *Smilodon* dagegen waren eher robust gebaut, besaßen kurze und kräftige Beine, einen gestreckten Körper und trugen längere und schmalere Eckzähne. Verwirrend ist aber, dass die 1999 beschriebene neue Gattung *Xenosmilus* sowohl Merkmale von Säbelzahnkatzen als auch von Dolchzahnkatzen in sich vereint. Überdies können viele Laien mit dem Begriff Dolchzahnkatzen wenig anfangen, weil ihnen seit

*Amerikanischer Zoologe
Theodore Gill (1837–1914)*

*Dinofelis auf einer
Zeichnung des
japanischen Künstlers
Shuhei Tamura
aus Kanagawa*

langer Zeit nur die Namen Säbelzahntiger oder Säbelzahnkatze vertraut sind.

In der wissenschaftlichen Systematik gehören die Säbelzahnkatzen und Dolchzahnkatzen zu den Höheren Säugetieren (Eutheria), Raubtieren (Carnivora), Katzenartigen (Feloidea), Katzen (Felidae) und Säbelzahnkatzen (Machairodontinae). Der amerikanische Zoologe Theodore Gill (1837–1914) hat die Unterfamilie der Machairodontinae 1872 erstmals beschrieben.

Echte Säbelzahnkatzen existierten vom Mittelmiozän vor etwa 15 Millionen Jahren bis zum Ende des Eiszeitalters (Pleistozän) vor etwa 11.700 Jahren. Wenn in der Literatur noch ältere Säbelzahnkatzen erwähnt werden, handelt es sich dabei um Formen, die man heute als falsche Säbelzahnkatzen oder Scheinsäbelzahnkatzen bezeichnet.

Zähne und Knochen von Säbelzahnkatzen und Dolchzahnkatzen hat man in Nordamerika, Südamerika, Asien, Europa und Afrika entdeckt. Auch in Deutschland wurden Reste von Säbelzahnkatzen und Dolchzahnkatzen geborgen. Nur aus Australien liegen keine Funde vor.

Die Säbelzahnkatzen und Dolchzahnkatzen werden in der Literatur oft in drei Stämme (Tribus) aufgeteilt: Metailurini, Homotheriini und Smilodontini.

Zu den Metailurini gehören folgende Gattungen:
Metailurus: Miozän in Europa und Asien
Adelphailurus: Miozän in Nordamerika
Dinofelis: Pliozän und Pleistozän in Afrika, Europa (Frankreich), Asien und Nordamerika
Ein Teil der Wissenschaftler rechnet die Metailurini heute nicht mehr zu den Säbelzahnkatzen (Machairodontinae), sondern zu den Kleinkatzen (Felinae).

Zu den Homotheriini (saber-toothed cats, scimitar-cats) gehören folgende Gattungen:

*Rekonstruktion der Säbelzahnkatze Machairodus
aus dem Miozän von 1902*

*Rekonstruktion der Dolchzahnkatze Smilodon
von Charles Robert Knight (1874–1953) von 1905*

16

Machairodus: Miozän und Pliozän in Europa, Asien, Afrika und Nordamerika
Xenosmilus: unterstes Pleistozän in Nordamerika
Homotherium: frühes Pliozän bis spätestes Pleistozän in Europa, Asien, Afrika, Nordamerika und neuerdings auch Südamerika

Zu den Smilodontini (dirk-toothed cats) zählen folgende Gattungen:
Paramachairodus: mittleres bis oberes Miozän in Europa und Asien
Megantereon: Pliozän bis Mittelpleistozän in Europa, Asien, Afrika, Nordamerika
Smilodon: oberes Pliozän bis oberstes Pleistozän in Nord- und Südamerika

In Kino- oder Fernsehfilmen werden Säbelzahnkatzen bzw. Dolchzahnkatzen oft als sehr große und furchterregende Raubtiere dargestellt. Tatsächlich besaßen nur wenige Arten ungefähr die Größe eines heutigen Löwen (*Panthera leo*) mit einer Höhe von einem Meter und einer Gesamtlänge bis zu 2,80 Metern oder vielleicht sogar eines Sibirischen Tigers (*Panthera tigris altaica*) mit einer Höhe bis zu einem Meter und einer Gesamtlänge bis zu drei Metern.
Imposante Maße hatten die Säbelzahnkatzen *Machairodus giganteus* (ca. 2,50 Meter Gesamtlänge, 1,20 Meter Schulterhöhe) und *Homotherium crenatidens* (mehr als zwei Meter Gesamtlänge, 1,10 Meter Schulterhöhe) sowie die Dolchzahnkatze *Smilodon populator* (etwa 2,40 Meter Gesamtlänge, 1,20 Meter Schulterhöhe), die in älterer Literatur oft als größte Art der Säbelzahntiger bezeichnet wird. Viele andere Arten waren kleiner als ein Leopard (*Panthera pardus*), der mit Schwanz bis zu 2,30 Meter lang ist, oder ein Ozelot (*Leopardus pardalis*), der insgesamt bis zu 1,45 Meter lang wird.

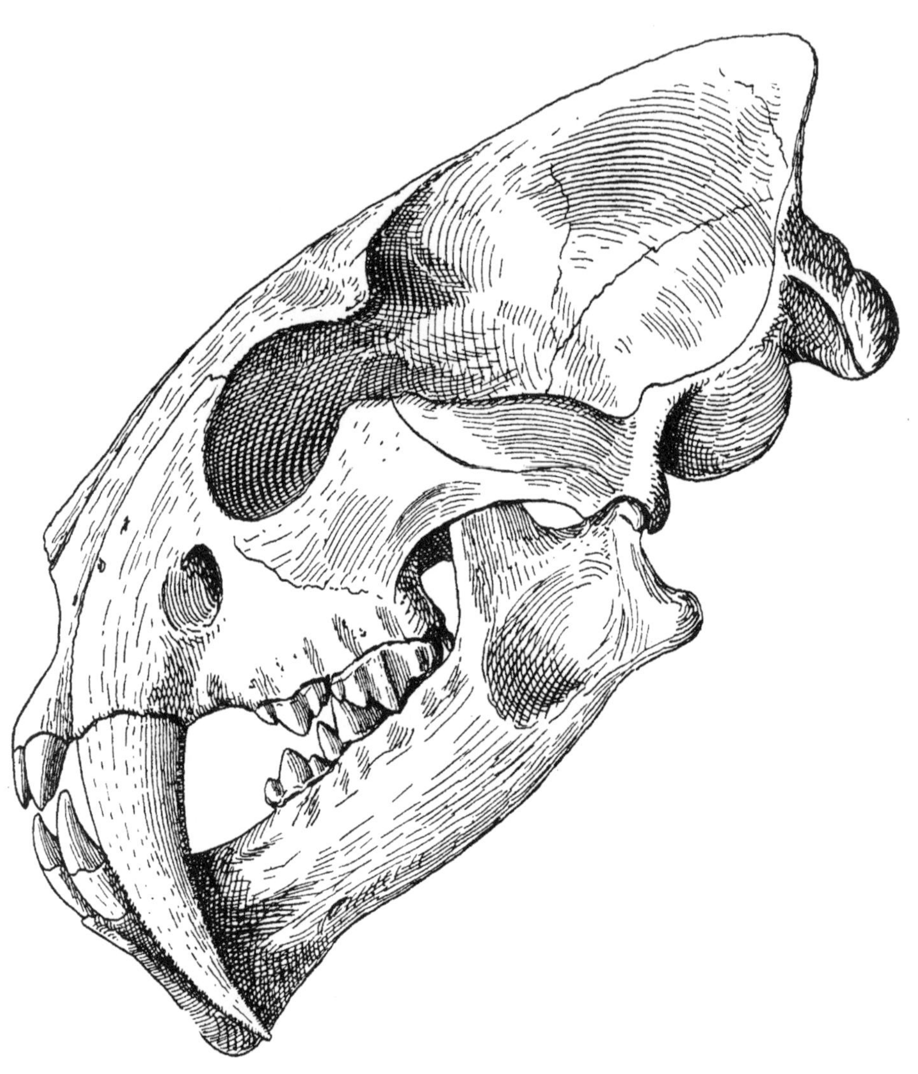

Schädel der Säbelzahnkatze
Machairodus cultridens
aus dem Obermiozän.
Diese Art gilt heute als Synonym
von Machairodus aphanistus.

Säbelzahnkatzen und Dolchzahnkatzen konnten ihren Unterkiefer bis um 120 Grad nach unten aufreißen. Das versetzte sie in die Lage, ihre langen Eckzähne voll einzusetzen. Gegenwärtige Katzen können ihre Kiefer nur um 65 bis 70 Grad öffnen.

Ober- und Unterkiefer der Säbelzahnkatzen und Dolchzahnkatzen waren durch ein Scharniergelenk verbunden. Ihr Gebiss hatte je nach Gattung oder Variation innerhalb derselben unterschiedlich viele Zähne. Bei *Machairodus* waren es 30 Zähne, bei *Homotherium* und *Megantereon* jeweils 28 Zähne und bei *Smilodon* 26 bis 28 Zähne. Davon abweichende Zahlenangaben beruhen darauf, dass der sehr kleine (rudimentäre) Backenzahn in beiden Oberkieferästen oft nicht in der Zahnformel erwähnt wird.

Lücken (Diastema) ermöglichten es, dass die Eckzähne beim Schließen des Maules aneinander vorbei gleiten konnten. Die Eckzähne dienten zum Packen, Festhalten und Töten der Beute, die Reißzähne zum Abbeißen von Fleischstücken, die unzerkaut geschluckt wurden. Die Reißzähne besaßen zackige Spitzen, die beim Beißen scherenartig aneinander vorbei glitten.

Über die Lebensweise der Säbelzahnkatzen und Dolchzahnkatzen gab und gibt es immer noch viele Diskussionen. Heute überwiegt die Ansicht, sie seien aktive Räuber gewesen. Gelegentlich heißt es aber auch, sie könnten sich als reine Aasfresser ernährt haben. Der niederländische Experte Kees van Hooijdonk aus Rucphen vermutet, Säbelzahnkatzen und Dolchzahnkatzen könnten versucht haben, anderen Raubkatzen die Beute abzunehmen, wenn sich Gelegenheit dafür bot. In Zeiten der Knappheit hätten sie vielleicht auch Aas gefressen. Wegen des teilweise recht großen Körpers mancher Arten nimmt man an, diese hätten recht stattliche Beutetiere zur Strecke bringen können.

Umstritten ist, ob Säbelzahnkatzen und Dolchzahnkatzen auch riesige erwachsene Rüsseltiere oder zumindest deren Jung-

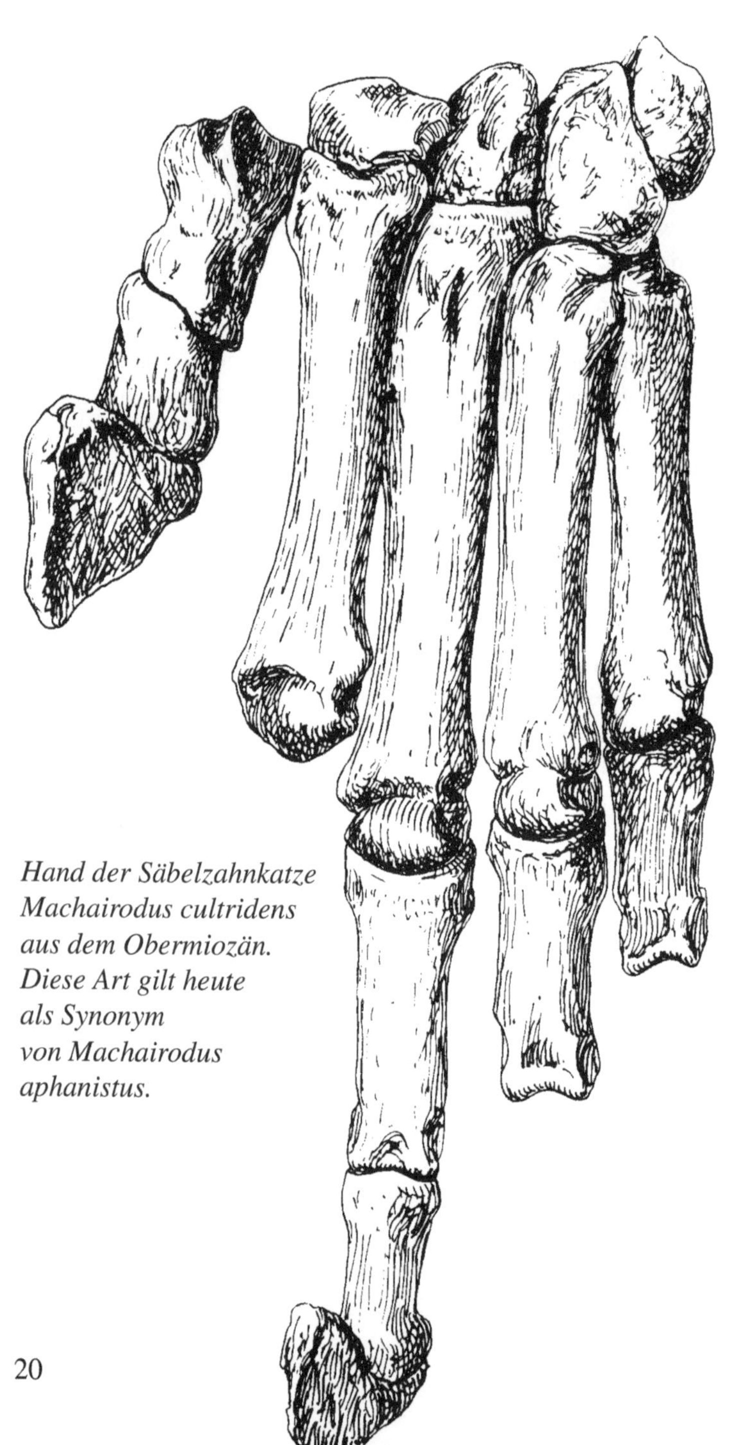

Hand der Säbelzahnkatze
Machairodus cultridens
aus dem Obermiozän.
Diese Art gilt heute
als Synonym
von Machairodus
aphanistus.

tiere angegriffen haben. Anhaltspunkte hierfür lieferten zahlreiche Mammutskelette, die neben einigen Skeletten der Säbelzahnkatze *Homotherium serum* in der Friesenhahn-Höhle (Bexar County) bei San Antonio in Texas entdeckt wurden.

Nicht völlig geklärt ist die Funktion der charakteristischen Eckzähne der Säbelzahnkatzen und Dolchzahnkatzen, die kontinuierlich nachwuchsen. Einerseits heißt es, damit hätten diese Raubkatzen sehr großen Beutetieren tiefe Stich- und Reißwunden zufügen können, an denen die Beutetiere verblutet seien. Andererseits verweisen skeptische Experten darauf, dass die relativ weichen Eckzähne bei solch einer starken Belastung leicht brechen hätten können.

Ein Teil der Fachleute hält es für möglich, dass Säbelzahnkatzen und Dolchzahnkatzen mit ihren Eckzähnen bereits am Boden liegenden, wehrlosen Beutetieren gleichzeitig Halsschlagader und Luftröhre durchtrennten. Dabei hätten sie mit ihren kräftig ausgebildeten Vordergliedmaßen Beutetiere gegen den Boden gedrückt, um einen präzisen Todesbiss anzubringen.

Nach einer anderen Theorie dienten die eindrucksvollen Eckzähne der Säbelzahnkatzen und Dolchzahnkatzen lediglich dazu, ihren eigenen Artgenossen zu imponieren. Weil die Eckzähne bei verschiedenen Arten sehr unterschiedlich gestaltet sind, ist es auch möglich, dass sie auf unterschiedliche Art und Weise benutzt worden sind.

Laut einer weiteren Theorie könnten sich Säbelzahnkatzen und Dolchzahnkatzen von Blut, Eingeweiden und weichen, leicht abzufressenden Körperteilen ernährt haben, welche die langen Eckzähne nicht gefährdeten. Den Rest der Beute ließen sie vermutlich liegen, was oft Aasfresser anlockte. Vermutlich besaßen Säbelzahnkatzen und Dolchzahnkatzen wie heutige Katzen verhornte Papillen auf der Zunge, um ohne Gefahr für die Zähne von Knochen das Fleisch ablösen zu können.

Nach den bisherigen Funden zu schließen, stammen die ältesten Fossilien von Säbelzahnkatzen und Dolchzahnkatzen aus dem Mittelmiozän vor etwa 15 Millionen Jahren. Aus dem Obermiozän vor etwa zehn Millionen Jahren kennt man Reste der Säbelzahnkatze *Machairodus aphanistus* und der Dolchzahnkatze *Paramachairodus ogygius* aus Ablagerungen des Ur-Rheins bei Eppelsheim in Rheinhessen, vom ehemaligen Vulkan Höwenegg bei Immendingen/Donau (Kreis Tuttlingen) und aus Melchingen, heute ein Stadtteil von Burladingen (Zollernalbkreis). Etwas jünger sind die auf etwa 8,5 Millionen Jahre datierte Säbelzahnkatze *Machairodus* cf. *aphanistus* sowie die Dolchzahnkatzen *Paramachairodus orientalis* und *Paramachairodus ogygius*) aus Dorn-Dürkheim in Rheinhessen. Die Abkürzung „cf." (lateinisch: confer = vergleiche) wird benutzt, wenn eine Bestimmung unsicher ist. Sie steht vor dem unsicheren Bestandteil des Namens, im erwähnten Fall vor der Art *aphanistus*.
Machairodus war vielleicht der Ahne der Gattung *Homotherium*, die sich im frühen Pliozän entwickelte. *Homotherium* existierte etwa vor 5 Millionen bis 11.700 Jahren. Diese Gattung ist auch von mehreren eiszeitlichen Fundorten aus Deutschland bekannt.
Ein Zeitgenosse von *Homotherium* war die Dolchzahnkatze *Megantereon*, die vom frühen Pliozän vor etwa 4,5 Millionen Jahren bis zum mittleren Eiszeitalter vor etwa 500.000 Jahren verbreitet war. *Homotherium* und *Megantereon* kamen in der Gegend von Chilhac und Senèze (beide in Frankreich) sowie in Untermaßfeld bei Meiningen (Deutschland) zusammen vor. *Megantereon* ähnelte sehr seinem Nachfahren *Smilodon*.
Die Dolchzahnkatze *Smilodon* lebte vom Oberpliozän vor mehr als 2,5 Millionen Jahren bis zum späten Pleistozän und starb erst vor etwa 11.700 Jahren zu Beginn des Holozän (Heutzeit) aus. Von *Smilodon* wurden nur in Nord- und Südamerika fossile Reste gefunden. Besonders viele Fossilien

von *Smilodon* sind vom Fundort Rancho La Brea im Stadtgebiet von Los Angeles in Kalifornien bekannt.

Als so genannte Scheinsäbelzahnkatzen gelten einige Arten der Nimravidae und der Barbourofelidae. Verlängerte obere Eckzähne wie bei den Säbelzahnkatzen und Dolchzahnkatzen gab es außerhalb der Raubtiere auch bei zwei anderen Ordnungen der Säugetiere. Nämlich bei den Creodonten wie *Machaeroides* und den zu den Beuteltieren gehörenden Thylacosmiliden wie *Thylacosmilus*.

Machaeroides wurde 1901 von dem aus Kanada stammenden Paläontologen William Diller Matthew (1871–1930) beschrieben. Bei der wissenschaftlichen Untersuchung hatten ihm zwei Unterkiefer und ein Zahn aus Wyoming (USA) aus dem Eozän (etwa 53 bis 34 Millionen Jahre) vorgelegen. Der Artname *Machaeroides simpsoni* erinnert an den amerikanischen Paläontologen George Gaylord Simpson (1902–1984). *Machaeroides* hatte eine Schulterhöhe von ca. 30 Zentimetern, eine Kopfrumpflänge von etwa 60 Zentimetern und – zusammen mit dem ungefähr 30 Zentimeter langen Schwanz – eine Gesamtlänge von rund 90 Zentimetern.

Die erste Beschreibung von *Thylacosmilus atrox* erfolgte 1934 durch den amerikanischen Paläontologen Elmer Riggs (1869–1963). Sie erfolgte auf der Basis von zwei Teilskeletten aus dem Pliozän von Argentinien. Diese Funde gelten als die am komplettesten erhaltenen Fossilien jener Art. *Thylacosmilus atrox* hatte etwa die Größe eines südamerikanischen Jaguars. Er erreichte eine Schulterhöhe von ca. 60 Zentimetern, eine eine Kopfrumpflänge von etwa 1,20 Meter, wozu noch ein schätzungsweise 45 Zentimeter langer Schwanz kam.

Unter Kryptozoologen, die weltweit nach verborgenen Tierarten suchen, kursieren Berichte über angebliche Sichtungen von Großkatzen aus Südamerika und Afrika, bei denen es sich um Säbelzahnkatzen handeln soll. Der verhältnismäßig junge Forschungszweig der Kryptozoologie wurde um 1950 von dem belgischen Zoologen und Publizisten Bernard

Heuvelmans (1916–2001) gegründet und bewegt sich zwischen seriöser Wissenschaft und purer Phantasie.

Eingeborene in der Zentralafrikanischen Republik und aus dem Tschad berichteten über mysteriöse „Tiger der Berge" in ihrer Heimat. Spekulationen zufolge könnte es sich um überlebende Tiere der Gattungen *Machairodus* oder *Meganteron* handeln, die aus Afrika durch Fossilien belegt sind. Als an ein Leben im Wasser angepasste Säbelzahnkatzen werden so genannte „Wasserlöwen" oder „Panther des Wassers" gedeutet, die in der Zentralafrikanischen Republik existieren sollen.

*Der dänische Zoologe
und Paläontologe
Peter Wilhelm Lund
(1801–1880),
der viele Jahre lang
in Brasilien arbeitete,
hat 1842 als Erster
die heute zu den
Dolchzahnkatzen
(dirk-toothed cats)
gerechnete Gattung
Smilodon beschrieben.*

Smilodon:
Die riesige Dolchzahnkatze
aus Amerika

Nord- und Südamerika waren vom Oberpliozän vor mehr als 2,5 Millionen Jahren über das Eiszeitalter (Pleistozän) hinweg bis zum Beginn des Holozän (Heutzeit) vor etwa 11.700 Jahren die Heimat mehrerer Arten der Dolchzahnkatzen-Gattung *Smilodon*. Als Erster hat 1842 der dänische Zoologe und Paläontologe Peter Wilhelm Lund (1801–1880), der viele Jahre lang in Brasilien arbeitete, die Gattung *Smilodon* beschrieben. Der Gattungsname besteht aus dem griechischen Begriff „smile" für Messer und dem Wort „odon" für Zahn. Zu deutsch heißt *Smilodon* also „Messerzahn". Eine der Arten von *Smilodon* brachte die größten Dolchzahnkatzen aller Zeiten hervor. In älterer Literatur heißt es, dies sei die größte Säbelzahnkatze gewesen.

Bevor *Smilodon* im Oberpliozän über die mittelamerikanische Landbrücke nach Südamerika einwanderte, gab es dort Säugetiere, die den Säbelzahnkatzen und Dolchzahnkatzen verblüffend ähnelten. Dabei handelte es sich um die Gattung *Thylacosmilus*. Dieses Tier ist mit den Säbelzahnkatzen bzw. Dolchzahnkatzen nicht verwandt, sondern gehört zu den Beuteltieren.

Thylacosmilus erreichte eine Kopfrumpflänge bis zu 1,20 Meter. Sein Schwanz war schätzungsweise 45 Zentimeter lang. Im Oberkiefer trug er zwei Eckzähne, die ständig nachwuchsen und weit über die Mundlinie hinaus nach unten ragten. Im Gegensatz zu Säbelzahnkatzen besaß dieses Beuteltier keine Schneidezähne. Seine Hals- und Kiefermuskulatur

*Smilodon populator aus Südamerika
war die größte Art
der Dolchzahnkatzen-Gattung Smilodon.
Sie erreichte eine Schulterhöhe
von ca. 1,20 Meter,
eine Kopfrumpflänge
von etwa 2,10 Metern,
ein Gewicht
von rund 220 bis zu 360 Kilogramm
und trug bis zu 28 Zentimeter
lange obere Eckzähne.
Zeichnung von Shuhei Tamura*

erlaubten eine kraftvolle Abwärtsbewegung des Kopfes. *Thylacosmilus* starb mit der Ankunft der Säbelzahnkatzen und Dolchzahnkatzen aus.

Vor mehr als 2,5 Millionen bis 500.000 Jahren lebte die Dolchzahnkatze *Smilodon gracilis*. Man nimmt an, dass diese Art aus *Megantereon* hervorgegangen ist. *Smilodon gracilis* war ungefähr so groß wie ein heutiger Jaguar und wog schätzungsweise etwa 55 bis 110 Kilogramm. Funde dieser Dolchzahnkatze sind vor allem in den östlichen USA geglückt. Aus *Smilodon gracilis* entstanden vermutlich die Arten *Smilodon populator* und *Smilodon fatalis,* die beide vor ca. 11.700 Jahren ausgestorben sind.

Smilodon populator existierte in östlichen Gebieten von Südamerika. Mit einer Schulterhöhe von rund 1,20 Meter, einer Kopfrumpflänge von ungefähr 2,10 Metern und einem Gewicht von etwa 220 bis 360 Kilogramm gilt er als größte Dolchzahnkatze der Welt. Die so genannte „Südamerikanische Säbelzahnkatze" trug bis zu 28 Zentimeter lange Eckzähne, die ungefähr 17 Zentimeter aus dem Oberkiefer ragten. Auf diesen furchterregenden Eckzähnen beruht der Artname *populator,* der laut Internetseite www.kryptozoologie-online.de „Er, der die Vernichtung bringt" bedeutet. Der kurze Schwanz von *Smilodon populator* war schätzungsweise 20 Zentimeter lang.

Smilodon fatalis kam in Nordamerika und im pazifischen Teilen von Südamerika vor. Diese Art lag – was Größe und Gewicht betrifft – zwischen den erwähnten Dolchzahnkatzen-Arten *Smilodon gracilis* und *Smilodon populator.* Sie erreichte eine Schulterhöhe von rund einem Meter, eine Kopfrumpflänge von ungefähr 1,90 Meter sowie ein Gewicht von etwa 160 bis 280 Kilogramm. Der Schwanz war schätzungsweise 20 Zentimeter lang.

Die Verbreitungsgebiete der Dolchzahnkatzen *Smilodon populator* im Osten und *Smilodon fatalis* im Westen wurden durch den Gebirgszug der Anden getrennt. In der Literatur

*Rekonstruktionen der Dolchzahnkatze Smilodon fatalis
(oben) und des riesigen Amerikanischen Höhlenlöwen
Panthera leo atrox (unten) durch den mexikanischen
Künstler Sergio De la Rosa Martinez aus Toluca. Der
Amerikanische Höhlenlöwe war mit einer Gesamtlänge
bis zu 3,70 Metern der größte Löwe aller Zeiten.*

ist mitunter auch von *Smilodon californicus* und *Smilodon floridanus* die Rede. Diese werden jedoch meistens als Unterarten von *Smilodon fatalis* gedeutet. Ein Originalskelett von *Smilodon californicus* aus Kalifornien ist in der Bayerischen Staatssammlung für Paläontologie und historische Geologie in München zu bewundern.

Die bekannteste Fundstelle mit fossilen Resten von *Smilodon fatalis* ist Rancho La Brea im Stadtgebiet von Los Angeles in Kalifornien (USA). Dort wurde ein vollständiges Ökosystem aus dem Eiszeitalter vor ca. 40.000 bis etwa 11.700 Jahren konserviert. Bis heute hat man insgesamt mehr als 100 Tonnen Fossilien, 1,5 Millionen Knochen und 2,5 Millionen Überreste aus den dortigen Teergruben geborgen, die für viele Tiere zur tückischen Falle geworden waren. In diesen Gruben hatte sich einst Erdöl gesammelt, das nach dem Verdampfen der flüchtigen Bestandteile zu einer zähen, teerigen Masse wurde.

Zum Fundgut von Rancho La Brea gehören über 60 Arten von Säugetieren. Darunter sind bis zu ca. vier Meter hohe „Kaisermammute" (*Mammuthus imperator*), bis zu etwa 1,90 Meter große Riesenfaultiere (*Paramylodon harlani*), Dolchzahnkatzen (*Smilodon fatalis*), riesenhafte Amerikanische Höhlenlöwen (*Panthera leo atrox*), Puma, Jaguar, Rotluchs und wolfähnliche Wildhunde (*Canis dirus*).

Vor mehr als einem dreiviertel Jahrhundert hatten die Teergruben noch auf einer Viehweide am Stadtrand von Los Angeles gelegen, die zu einer Farm namens Rancho La Brea gehörte. Heute befinden sich die Teergruben mitten im Häusermeer von Los Angeles und sind Teil einer Grünanlage namens Hancock Park. Im George C. Page Museum kann man Fossilien von Rancho La Brea bewundern.

Die imposanten Amerikanischen Höhlenlöwen hatten eine Kopfrumpflänge von bis zu 2,50 Metern, zu denen noch ein rund 1,20 Meter langer Schwanz hinzugerechnet werden muss. Das ergab eine respektable Gesamtlänge bis zu 3,70

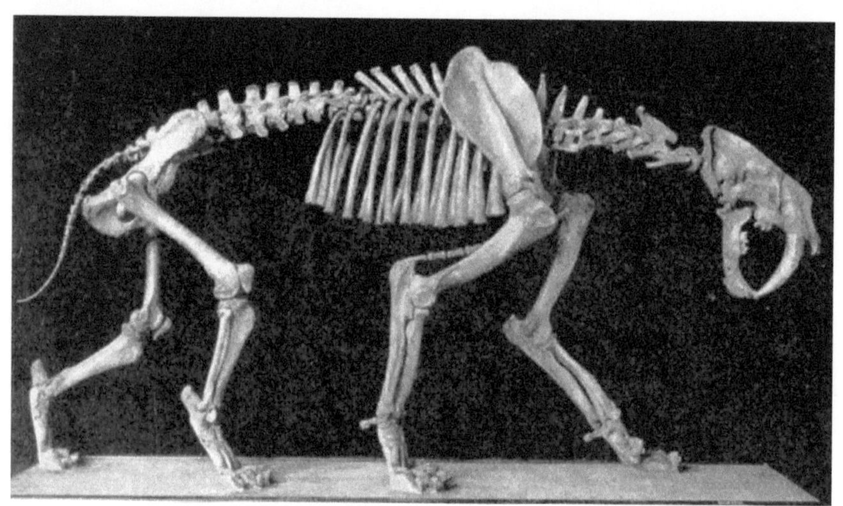

*Skelett der Dolchzahnkatze Smilodon populator
im American Museum of Natural History vor 1923*

*Lebensbild der Dolchzahnkatze Smilodon fatalis
des amerikanischen Künstlers Charles Robert Knight
(1874–1953).*

Metern. Die Schulterhöhe könnte rund 1,30 Meter erreicht haben. Diese Tiere gelten als die größten Löwen aller Zeiten. Ähnlich groß – nämlich maximal 3,60 Meter – waren die Mosbacher Löwen (*Panthera leo fossilis*) aus dem Eiszeitalter vor etwa 600.000 Jahren in Deutschland, die nach dem ehemaligen Dorf Mosbach zwischen Wiesbaden und Biebrich in Hessen benannt sind.

Fossilien der Dolchzahnkatze *Smilodon fatalis* kamen auch in anderen Teilen von Nord- und Südamerika zum Vorschein, beispielsweise in Florida und Argentinien (Patagonien). In Nordamerika war das Verbreitungsgebiet auf die südlichen Gebiete beschränkt.

Die Dolchzahnkatze *Smilodon* ist in Kalifornien ein so genanntes Staatsfossil. Darunter versteht man ein bundesstaatliches Wahrzeichen. Solche Staatsfossilien gibt es auch in anderen US-Bundesstaaten. Zum Beispiel ist in Alaska und Nebraska das Wollhaar-Mammut ein Staatsfossil, in Colorado der Dinosaurier *Stegosaurus*, in South Dakota der Dinosaurier *Triceratops*, in Michigan das Amerikanische Mastodon und in Washington das Präriemammut.

Weiter nördlich in Amerika existierte damals die Säbelzahnkatze *Homotherium*, deren Verbreitungsgebiet sich im Süden teilweise mit dem der Dolchzahnkatze *Smilodon* überlappte. *Smilodon* kam im Gegensatz zu *Homotherium* nicht in Afrika, Asien und Europa vor.

In den tückischen Teergruben von Rancho La Brea, die vielen eiszeitlichen Tieren zum Verhängnis wurden, hat man rund 160.000 Knochen von *Smilodon fatalis* entdeckt. Sie stammen von mindestens 1.200, wenn nicht sogar 2.500 Dolchzahnkatzen, die dort innerhalb von etwa 30.000 Jahren ihr Leben verloren haben.

Diese Funde erlaubten interessante Rückschlüsse auf die Lebensweise und das Sozialverhalten von *Smilodon fatalis*. Offenbar wurde diese Dolchzahnkatze durch sterbendes Großwild, das in die Teergruben geraten war, angelockt und ver-

*Steinernes Denkmal
der Dolchzahnkatze Smilodon
vor dem Eingang
des Museo de la Plata
in Argentinien.
In diesem
Land von Südamerika
hat man Reste
der Dolchzahnkatzen
Smilodon populator und
Smilodon fatalis
entdeckt.
Auch in Nordamerika
wurden Dolchzahnkatzen
Denkmäler gesetzt.*

sank selbst darin. Ähnlich erging es auch vielen anderen fleischfressenden Raubtieren jener Zeit.

Rund 5.000 der insgesamt 160.000 Knochenreste von Dolchzahnkatzen tragen Spuren von Krankheiten. Diese reichen von Fehlstellungen der Hüfte über gebrochene Wirbelsäulen bis zu deformierten Beinknochen. Das lässt darauf schließen, dass der Körper der Dolchzahnkatzen häufig starken Belastungen ausgesetzt war, die vermutlich von Kämpfen mit wehrhaften Beutetieren stammten.

Zahlreiche Knochen weisen Anzeichen von Verheilung auf, obwohl die Verletzungen teilweise so stark waren, dass die betreffenden Dolchzahnkatzen sicherlich eine Zeitlang jagdunfähig gewesen sind. Die verletzten Tiere hatten offenbar noch Monate oder sogar Jahre weiter existiert, weil sie in Familiengruppen lebten und vielleicht auch jagten, die sich gegenseitig mit Nahrung versorgten oder zumindest schwache Gruppenmitglieder an der Beute duldeten. Es könnten aber auch so viele potentielle Beutetiere in den Teergruben verendet sein, dass sogar stark verletzte Dolchzahnkatzen überlebten konnten.

Welche Tiere zum Beutespektrum von *Smilodon fatalis* gehörten, ist umstritten. Wegen ihrer kräftigen Gestalt und ihrer langen Eckzähne könnte sich diese Dolchzahnkatze von besonders großen und schwerfälligen Rüsseltieren wie Mammuts und Mastodonten ernährt haben. Vielleicht sind Dolchzahnkatzen den riesigen Tieren auf den Rücken geklettert, um ihnen ihre langen Eckzähne dort einzugraben oder sie haben ihnen vom Boden aus die Flanken aufgerissen.

Schulter- und Nackenmuskeln von *Smilodon* waren so angeordnet, dass sie dieser Dolchzahnkatze einen kraftvollen, nach unten gerichteten Hieb mit ihrem massiven Kopf ermöglichten. Die Kiefer konnten bis zu einem Winkel von etwa 120 Grad geöffnet werden und erlaubten dadurch den mächtigen Eckzähnen tief in den Körper der Beutetiere einzudringen und sie zu töten.

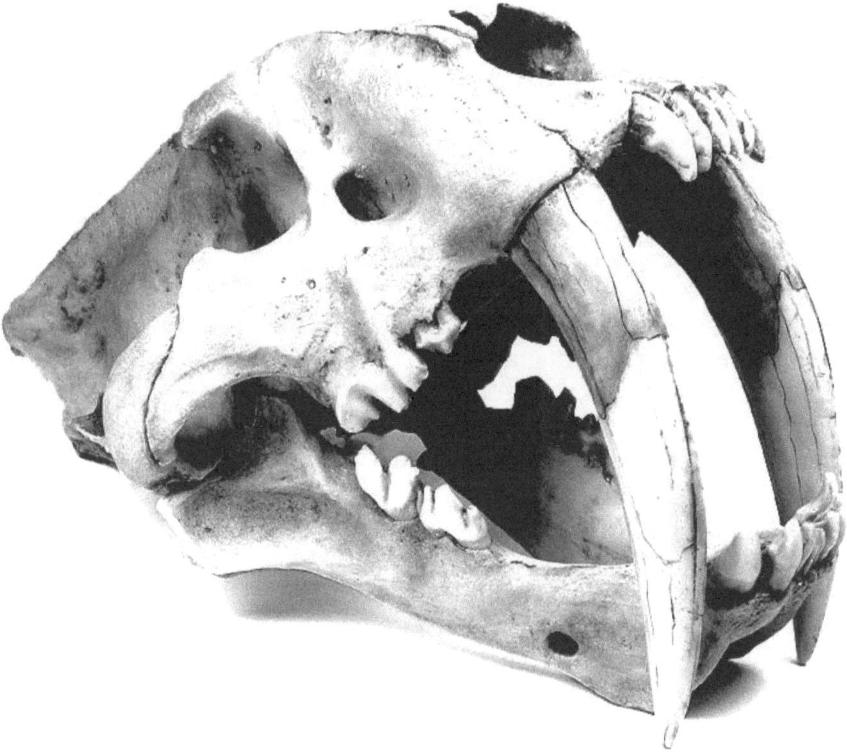

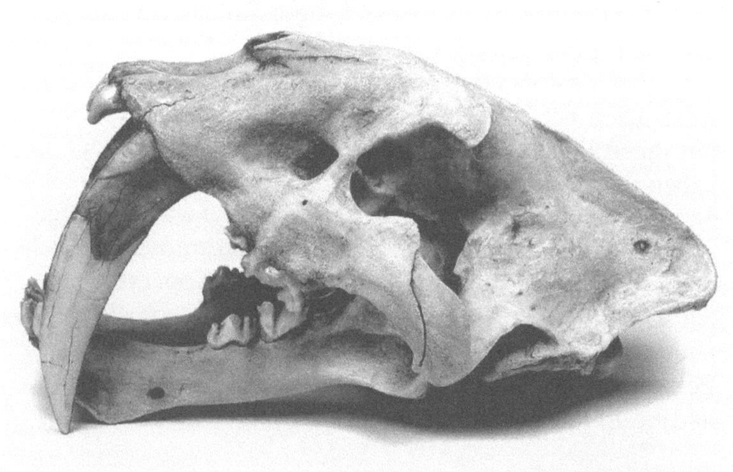

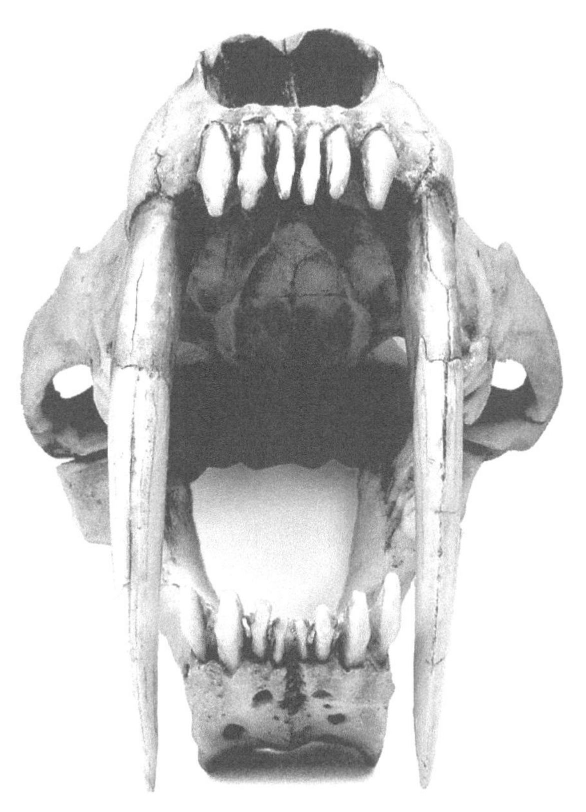

*Replik eines Schädels
der Dolchzahnkatze
Smilodon californicus
(Seite 36 und 37
aus dem Urzeitshop
www.urzeitshop.de
von Miron Seffzek
aus Duvensee.
Maße des Schädels:
34 Zentimeter Länge,
28 Zentimeter Höhe
bei geschlossenem Maul,
21 Zentimeter Breite.*

Zum Gebiss von *Smilodon* gehörten 26 bis 28 Zähne. Im Oberkiefer befanden sich 14 Zähne und im Unterkiefer 12 bis 14 Zähne. Jeder der beiden Oberkieferäste trug drei Schneidezähne (Incisiven), einen Eckzahn (Caninus), zwei Vorderbackenzähne (Prämolaren P3, P4), und einen Backenzahn (Molar). In den beiden Unterkieferästen gab es drei Schneidezähne, einen Eckzahn, einen oder zwei Vorderbackenzähne (nur P4 oder P3 und P4) und einen Backenzahn.

Die langen Eckzähne von *Smilodon* hatten einen ovalen Querschnitt, was ihnen einerseits eine gewisse Stabilität verlieh und andererseits ermöglichte, tief in das Fleisch des Beutetieres einzudringen. Entlang der hinteren Ränder waren die Eckzähne gezackt und konnten so das Fleisch eines Beutetieres leichter durchbohren. Beim Kampf mit einem Beutetier hätten die langen Eckzähne auf Knochen treffen und leicht abbrechen können. Sie waren vollständig an das Aufreißen und Zerschneiden weichen Gewebes angepasst.

Australische Wissenschaftler um Coin McHenry an der Universität von Newcastle in Calaghan fanden bei Computersimulationen heraus, dass Dolchzahnkatzen im Vergleich zu heutigen Löwen eher einen schwachen Biss hatten. Sie veröffentlichten ihre Erkenntnisse 2007 im Fachmagazin „PNAS". Demnach entwickelte das Gebiss der Dolchzahnkatzen nur etwa ein Drittel der Kräfte, die bei gegenwärtigen Löwen gemessen wurden. Dolchzahnkatzen konnten Beutetieren mit ihren langen Eckzähnen zwar tödliche Bisse zufügen, doch sie mussten ihre Opfer dabei mit ihren Pranken festhalten.

Die australischen Wissenschaftler hatten für ihre Computersimulationen zunächst Computertomographien von fossilen Dolchzahnkatzen-Schädeln angefertigt und die gewonnenen Daten mit einer Simulationssoftware ausgewertet. Vergleichsgrößen lieferten die Schädel von Löwen und die bei diesen Großkatzen ermittelten Beisskräfte. In die 3D-Simulationen flossen zudem Schätzungen über die Muskelmasse der Dolchzahnkatzen ein.

Nach den Erkenntnissen der australischen Wissenschaftler waren bei den Dolchzahnkatzen der Kiefer und die zugehörige Muskulatur den Kräften eines zappelnden Beutetieres kaum gewachsen. Im Gegensatz zu Löwen, die ihre Beutetiere mit einem weitaus kräftigeren Biss im Extremfall mehr als zehn Minuten festhalten können, bis diese erschöpft oder tot zusammenbrechen, mussten Dolchzahnkatzen eine andere Tötungstechnik anwenden: Sie hielten ihre Beutetiere nicht mit dem Gebiss, sondern mit ihren besonders kräftigen Vorderläufen fest und versetzten ihnen dann mit den Eckzähnen einen tödlichen Biss in den Hals.

Für die Jagd auf schnelle Tiere wie Pferd oder Hirsch war die Dolchzahnkatze *Smilodon* sicherlich zu schwerfällig. Deshalb heißt es oft, sie hätte ihrer Beute im Hinterhalt aufgelauert. Man liest aber auch, sie hätte vor allem junge und halbwüchsige Rüsseltiere und Faultiere angegriffen, die sie abseits der Herde überraschte. Oder sie sorgte für Verwirrung in der Herde und schlug bei passender Gelegenheit schnell zu.

Englische Wissenschaftler um Chris Carbone von der Zoological Society of London meinten 2008, dass die Dolchzahnkatzen der Art *Smilodon fatalis* in Gruppen gelebt und gejagt haben. Dies schließen sie daraus, dass diese Raubkatzen einst an für sie lebensgefährlichen, aber für sie wegen des Beutereichtums verlockenden Orten wie den Teergruben von Rancho La Brea gemeinsam massenhaft verendeten. So wie dies auch bei heute jagenden sozialen Raubkatzen in ähnlichen Szenarien geschehen würde.

Carbones Team stellte die vermutete Situation an einer todbringenden Teergrube von Rancho La Brea unter heutigen Bedingungen in zwei verschiedenen Nationalparks nach. Dazu lockten sie heute in Afrika lebende Beutegreifer wie Löwen, Hyänen oder Geier mit Hilfe von Tonbandgeräten an. Über den Lautsprecher ertönte dabei ein Soundmix der Schreie verendender Beutetiere, unterlegt mit Geräuschen fressender und um Beute streitender Raubtiere. Dies lockte tatsächlich Raubtiere verschiedener Größen an. Zu den insgesamt 4.491 herbeigeeilten Tieren gehörten prozentual immer deutlich mehr in Gesellschaft jagende kleine Raubtiere wie der Schakal sowie ebenfalls im Rudel lebende, große Fleischfresser wie der Löwe. Jagende Einzelgänger wie Leoparden oder Wildkatzen waren dagegen selten. Exakt dieselbe prozentuale Zusammensetzung spiegelt auch die Gesellschaft der in den Teergruben von Rancho La Brea verendeten Tiere wieder. Dies gilt allerdings nur dann, wenn man Dolchzahnkatzen zur Gruppe der großen sozialen Raubtiere rechnet.

Bei zufälligen Begegnungen mit bewaffneten eiszeitlichen Menschen in Amerika wurden Dolchzahnkatzen der Art *Smilodon fatalis* manchmal vom Jäger zum Gejagten. Das beweist der Fund einer solchen Raubkatze in einer Teergrube von Rancho La Brea in Kalifornien. In einem Skelettknochen dieser Dolchzahnkatze steckte noch eine Pfeilspitze. Sie stammte von einem Pfeil, den ein Paläoindianer mit seinem Bogen abgeschossen hatte.

Das Aussterben der Säbelzahnkatzen und Dolchzahnkatzen gegen Ende des Eiszeitalters vor etwa 11.700 Jahren wird oft mit dem Rückgang dichter Wälder, der Ausbreitung weitläufiger Grasebenen und mit dem Verschwinden großer Beutetiere erklärt. Offene Landschaften boten diesen Raubtieren keine Deckung mehr und machten Angriffe aus dem Hinterhalt zunehmend unmöglicher. Durch das Verschwinden großer Beutetiere verloren sie ihre Existenzgrundlage und starben ebenfalls aus.

Wenig plausibel gilt die Theorie, die Säbelzahnkatzen und Dolchzahnkatzen seien der Konkurrenz durch moderne Raubkatzen wie den zu den Pantherkatzen gehörenden Löwen oder Jaguaren nicht mehr gewachsen gewesen. Denn in Nordamerika sind auch Löwe und Jaguar verschwunden. Pantherkatzen sowie Säbelzahnkatzen und Dolchzahnkatzen haben über Millionen Jahre hinweg nebeneinander existiert, ohne sich gegenseitig stark zu beeinträchtigen.

Sehr umstritten ist auch die Theorie, damalige Menschen hätten durch intensive Bejagung das Verschwinden großer Säugetiere gegen Ende des Eiszeitalters herbei geführt. Diese 1984 von dem amerikanischen Geowissenschaftler Paul S. Martin aus Arizona vertretene Theorie wird als „Overkill-Hypothese" bezeichnet.

Smilodon dürfte die am häufigsten auf Briefmarken abgebildete Dolchzahnkatze sein. Postwertzeichen mit Smilodon-Motiven auf der Schauseite gab es bereits in Afghanistan (1999), in Argentinien (1933), im Kongo, in El Salvador (1979), in Gambia (1993), in Guinea (1987), in Guyana (1990), in Lesotho (1998), auf Madagaskar (1994), in Peru (2004), auf Saint Vincent (1999), auf Tonga (1993), auf den Inseln Turks und Caicos (1991), in den USA (1996) und in Uruguay (1997).

Funde von Säbelzahnkatzen und Dolchzahnkatzen aus aller Welt (Auswahl)

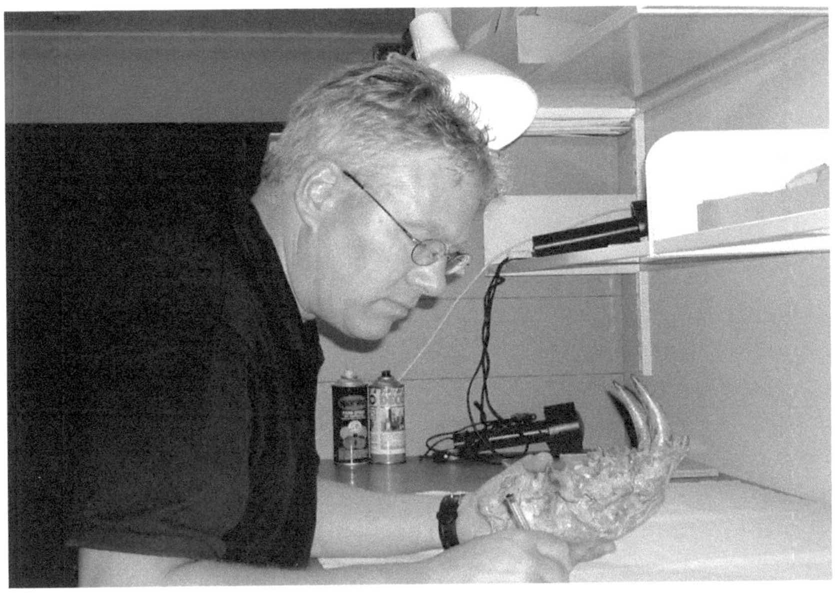

Katzenspezialist Kees van Hooijdonk
aus Rucphen (Niederlande)
mit Kiefer der Dolchzahnkatze
Megantereon aus Senèze

A

Ägypten:
Wadi-el-Natrun: *Machairodus* cf. *aphanistus*

Argentinien:
Barranqueras: *Smilodon populator*
Lujan: *Smilodon populator*
Paso Otero-Verde: *Smilodon fatalis*

Äthiopien:
Middle Awash – Adu-Asa: *Machairodus* sp.

B

Bolivien:
Nuapua 1, Chuquisaca: *Smilodon populator*
Tarija: *Smilodon populator*

Brasilien:
Garrincho: *Smilodon populator*
Lagoa Santa (Minas Gerais): *Smilodon*
Mostardas: *Smilodon populator*
Toca da Boa Vista: *Smilodon populator*
Toca da Cima dos Pilao: *Smilodon populator*
Toca da Janela da Barro do Antoniao: *Smilodon populator*

Bulgarien:
Slivnitsa: *Homotherium crenatidens*

C

China:
Baode (Provinz Shansi): *Megantereon*
Choukutien bei Peking: *Megantereon*
Guanghe Formation (Provinz Gansu): *Machairodus giganteus*
Lufeng (Provinz Yunnan): *Machairodus fires*
Nantan, Hohsien, Upper Red Clays (Provinz Shansi): *Machairodus palanderi*
Nihowan (Provinz Shansi): *Megantereon nihowanensis*
Songshan, Tianzu (Provinz Gansu): *Machairodus* sp.
Tung Gur (Innere Mongolei): *Machairodus* sp.
Yushe (Provinz Shansi): *Megantereon*

D

Deutschland:
Dorn-Dürkheim in Rheinhessen (Rheinland-Pfalz):
Machairodus cf. *aphanistus, Paramachairodus ogygius*
(nach anderer Schreibweise Paramachairodus ogygia),
Paramachairodus orientalis
Eppelsheim in Rheinhessen (Rheinland-Pfalz):
Machairodus aphanistus, Paramachairodus ogygius
Esselborn in Rheinhessen (Rheinland-Pfalz):
Paramachairodus ogygius
Gau-Weinheim in Rheinhessen (Rheinland-Pfalz):
Machairodus sp.
Höwenegg bei Immendingen/Donau (Baden-Württemberg):
Machairodus aphanistus
Mauer bei Heidelberg (Baden-Württemberg): *Homotherium*
crenatidens
Melchingen, heute ein Stadtteil von Burladingen (Baden-
Württemberg): *Machairodus aphanistus*
Mosbach in Wiesbaden (Hessen): *Homotherium crenatidens*
Neuleiningen bei Grünstadt (Rheinland-Pfalz): *Homotherium*
crenatidens
Randersacker bei Würzburg (Bayern): *Homotherium* sp.
Steinheim an der Murr (Baden-Württemberg): *Homotherium*
latidens
Untermaßfeld bei Meiningen (Thüringen): *Homotherium*
crenatidens, Megantereon cultridens adroveri (Megantereon
whitei)
Voigtstedt im Harzvorland (Thüringen): *Homotherium*
moravicum
Weimar-Süßenborn: *Homotherium crenatidens*
Wissberg bei Gau-Weinheim in Rheinhessen (Rheinland-
Pfalz): *Paramachairodus ogygius*

E

England:
Dove Holes bei Buxton (Derbyshire): *Homotherium crenatidens*
Kent's Cavern (Torquai): *Homotherium latidens*
Kessingland (Suffolk): *Homotherium*
Nordsee vor Ostengland: *Homotherium crenatidens*
Pakefield (Suffolk): *Homotherium*
Robin Hood Cave in den Creswell Crags (Derbyshire): *Homotherium latidens*
Sidestrand (Norfolk): *Machairodus* sp.
Westbury-sub-Mendip (Somerset): *Homotherium crenatidens*
West Runton (Norfolk): *Homotherium*

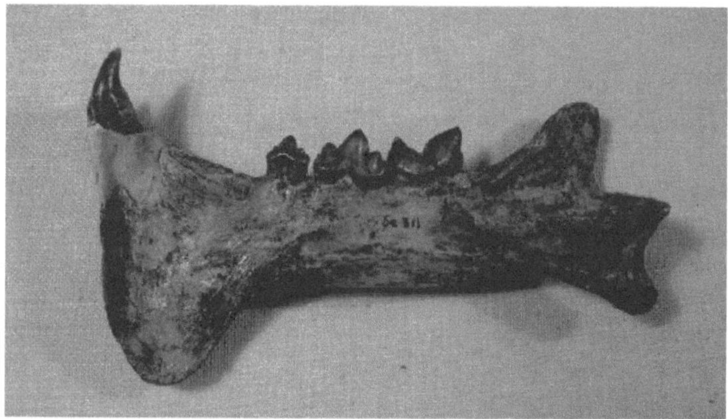

Unterkiefer der Dolchzahnkatze Megantereon cultridens aus Senèze in Frankreich. Original im Naturhistorischen Museum Basel

F

Frankreich:
Abbeville, Flussterrasse der Somme, Pas de Calais, Region
Picardie (Somme): *Homotherium latidens*
Artenac bei Angoulême (Charente): *Homotherium latidens*
Blassac-la-Gironde in der Auvergne (Haute Loire):
Megantereon cultridens
Cajarc (Lot): *Homotherium* sp.
Chilhac im Zentralmassiv (Haute Loire): *Homotherium
crenatidens, Megantereon cultridens*
La Baume (Haute-Savoie): *Homotherium latidens*
La Roche-Lambert, Saint Paulien (Haute Loire):
Homotherium crenatidens
Le Coupet, Mazeyrat d'Allier (Haute Loire):
Homotherium crenatidens
Montmaurin (Haute-Garonne): *Homotherium latidens*
Montredon (Hérault): *Machairodus aphanistus*
Perrier-Etouaires in der Auvergne (Puy de Dôme):
Megantereon cultridens, Homotherium crenatidens
Perrier-Pardines in der Auvergne (Puy de Dôme):
Megantereon cultridens, Homotherium crenatidens
Perrier-Roccaneyra in der Auvergne (Puy de Dôme):
Homotherium
Saint Vallier (Dróme): *Megantereon cultridens,
Homotherim crenatidens*
Sainzelles, Polignac (Haute Loire): *Homotherium
crenatidens*
Senèze im Zentralmassiv (Haute Loire): *Homotherium
crenatidens, Megantereon cultridens*
Soblay (Ain): *Machairodus aphanistus*
Villeneuve-sur-Lot, Region Aquitaine (Lot-et-Garonne):
Homotherium latidens

G

Georgien:
Akhalkalaki: *Homotherium crenatidens*
Calka: *Homotherium* sp.
Dmanisi: *Homotherium crenatidens, Megantereon whitei*
Kvabebi bei Signakhi: *Homotherium*

Griechenland:
Appolonia 1 (Makedonien): *Megantereon whitei,
Homotherium*
Halmyropotamos auf der Insel Euböa: *Machairodus
aphanistus*
Kalamotó (Makedonien): *Homotherium crenatidens*
Livakos (Makedonien): *Homotherium* sp.
Makinia (Westgriechenland): *Megantereon cultridens*
Milia bei Grevena (Makedonien): *Homotherium*
Petralona auf der Halbinsel Chaldiki (Makedonien):
Homotherium, Megantereon
Pikermi bei Athen: *Machairodus giganteus,
Paramachairodus orientalis, Paramachairodus ogygius*
Saloniki (Makedonien): *Machairodus aphanistus*
Samos (Insel vor der kleinasiatischen Küste): *Machairodus
giganteus*
Sésklon (Thessalien): *Homotherium crenatidens*
Vatera auf der Insel Lesbos: *Homotherium crenatidens*
Thermopigi: *Paramachairodus* sp., *Machairodus* sp.
Tourkovounia bei Athen: *Homotherium* cf. *crenatidens*
Vathylakkos (Thessalien): *Machairodus giganteus*
Volax (Makedonien): *Megantereon cultridens*

I

Irak:
Injana, Lower Bakhtiari Formation: *Machairodus* sp.

Iran:
Maragha: *Paramachairodus orientalis*

Israel:
Ubeidiya Formation: *Megantereon* cf. *whitei*

Italien:
Casa Frata, Arezzo, Arnotal (Region Toskana):
Homotherium crenatidens
Collepardo in der Provinz Prosinone (Region Latium):
Megantereon cultridens
Costa San Giacomo (Region Latium): *Homotherium*
Farneta (Region Toskana): *Megantereon cultridens*
Manfredonia auf der Halbinsel Gargano: *Homotherium crenatidens*
Monte Argentario (Region Toskana): *Megantereon whitei, Homotherium crenatidens*
Monte Riccio (Region Latium): *Megantereon cultridens*
Montopoli (Region Toskana): *Megantereon cultridens*
Olivola, Val di Magram (Region Toskana): *Megantereon cultridens, Homotherium crenatidens*
Pirro Nord (Region Apulien): *Megantereon whitei*
Selva Vecchia, Sant'Ambrogio di Valpolicella, Verona (Region Venetien): *Homotherium crenatidens, Homotherium latidens*
Scivolone, Brecce di Soave, Verona bzw. Breccia di Valpolicella (Region Venetien): *Homotherium latidens*
Slivia, Provinz Triest (Region Friaul-Julisch Venetien): *Homotherium crenatidens*
Tasso (Region Toskana): *Megantereon cultridens*
Triversa (Region Toskana): *Homotherium crenatidens*
Val d'Arno bzw. Arnotal (Region Toskana): *Homotherium crenatidens*
Verona (Region Venetien): *Homotherium moravicum*

K

Kanada:
Dawson, Yukon: *Homotherium* sp.
Old Crow, Yukon: *Homotherium* serum

Kasachstan:
Dzhenama River: *Machairodus* aff. *irtyschensis*
Kalmakpai: *Machairodus kurteni*
Selim-Dzehevar: *Machairodus aphanistus taracliensis,*
Machairodus ischimicus

Kenia:
Lothagam: *Lokotunjailurus emageritus*
West Turkana: *Homotherium problematicus*

Kirgisien:
Serafimovka: *Machairodus* sp.

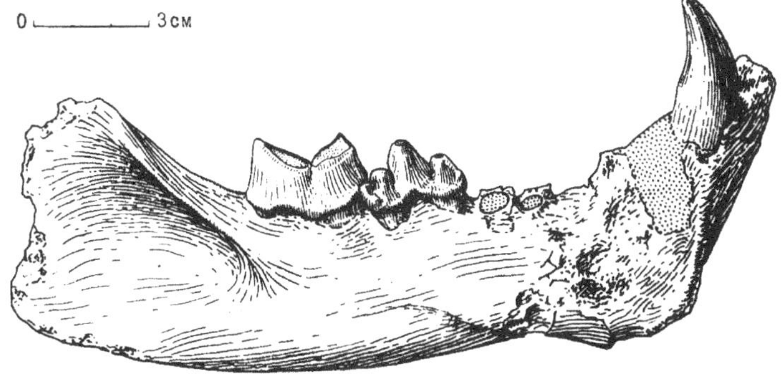

Unterkiefer der Säbelzahnkatze
Machairodus kurteni aus dem Obermiozän
von Kalmakpai in Kasachstan

M

Mazedonien:
Veles: *Paramachairodus orientalis*

Mexiko:
Arroyo Tepalcates: *Machairodus* cf. *coloradensis*
Cedazo (Arroyo Cedazo, Arroyo San Francisco): *Smilodon fatalis*
Chapala: *Smilodon fatalis*
El Golfo: *Homotherium* sp.
Las Golondrinas: *Machairodus* sp.
La Rinconada: *Machairodus* sp.
Las Tunas bzw. Las Tunas Wash: *Machairodus* sp.
Rancho Viejo bzw. Arrastracabllos: *Machairodus* sp.
Yepomera: *Machairodus coloradensis*

Moldawien:
Chimishliya: *Machairodus aphanistus, Machairodus schlosseri, Machairodus parvulus*
Cioburciu: *Machairodus aphanistus*
Gura Galbena: *Machairodus* sp.
Kalfa: *Machairodus laskarevi*
Sagaidak: *Machairodus* sp.
Taraklia: *Paramachairodus orientalis, Machairodus aphanistus taracliensis, Machairodus schlosseri*

Niederlande:
Nordsee (Het Gat südwestlich der Braunen Bank):
Homotherium latidens
Nordsee (Onrust nördlich von Walcheren): *Homotherium crenatidens*
Nordsee (Roompot): *Homotherium crenatidens*
Oosterschelde (Flauwerspolder): *Homotherium crenatidens*

*Rekonstruktion der Säbelzahnkatze
Homotherium latidens des niederländischen Bildhauers
Remie Bakker aus Rotterdam*

O

Österreich:
Deutsch-Altenburg 1 (Niederösterreich): *Homotherium sainzelli* (heute: *Homotherium crenatidens*)
Hundsheim bei Deutsch-Altenburg (Niederösterreich): *Homotherium moravicum*
Zillingdorf (Niederösterreich): *Machairodus aphanistus*

R

Rumänien:
Betfia: *Megantereon* sp.
Bugiuliesti: *Megantereon whitei*
Graunceanului: *Megantereon cultridens, Homotherium crenatidens*
Tetoiu: *Megantereon cultridens, Homotherium crenatidens*

Russland:
Khopry: *Homotherium*
Pavlodar am rechten Ufer des Irtysch: *Machairodus irtyschensis*
Rostov am Don: *Homotherium*
Semibalki: *Homotherium*
Udunga (Sibirien): *Homotherium crenatidens*

S

Schweiz:
Charmoille (Kanton Jura): *Machairodus aphanistus*

Slowakei:
Hainacka: *Megantereon* sp.
Vceláre 2: *Homotherium crenatidens*

Spanien:
Atapuerca, Fundstelle Gran Dolina (Provinz Burgos,
Region Kastilien-Léon): *Homotherium*
Can Llobateres bei Sabadell (Provinz Teruel, Region
Aragonien): *Machairodus aphanistus*
Can Ponsich, Valles Penedes (Provinz Teruel, Region
Aragonien): *Machairodus aphanistus*
Cerro Batallones (Fundstelle Batallones 1) bei Torrejón de
Valasco südlich von Madrid: *Machairodus aphanistus,
Paramachairodus ogygius*
Concud (Provinz Teruel, Region Aragonien):
Paramachairodus orientalis
Creviellente 2 (Provinz Alicante, Region Valencia):
Paramachairodus ogygius
Cueva Victoria (Region Murcia): *Megantereon* sp.,
Homotherium sp.
Fonelas (Provinz Granada, Region Andalusien):
Megantereon cultridens, Homotherium
Fuentidueña (Provinz Segovia, Zentralspanien):
Machairodus aphanistus
Fuente Nueva, Orce (Provinz Granada, Region
Andalusien): *Megantereon whitei*
Incarcàl, Cal Taco, bei Crespia (Provinz Girona):
Homotherium crenatidens

La Puebla de Valverde (Provinz Teruel, Region Aragonien):
Megantereon cultridens, Homotherium crenatidens
La Tarumba (Region Katalonien): *Paramachairodus
ogygius*
Los Mansuetos (Provinz Teruel, Region Aragonien):
Machairodus giganteus
Mestas de Con, Cangas de Onis (Region Austurien):
Homotherium crenatidens
Puento Minero (Provinz Teruel, Region Aragonien):
Paramachairodus orientalis, Paramachairodus ogygius
Santiga (Region Katalonien): *Machairodus aphanistus*
Terrassa (Provinz Barcelona, Region Katalonien):
Paramachairodus orientalis
Venta del Moro (Provinz Valencia): *Paramachairodus
maximiliani, Machairodus* indet.
Venta Micena (Provinz Granada, Region Andalusien):
Meganteron whitei, Homotherium crenatidens
Villarroya (Provinz La Rioja, früher Provinz Logrono):
Megantereon cultridens, Homotherium crenatidens

Südafrika:
Langebaanweg: *Machairodus* sp.
Makapansgat: *Machairodus darti, Megantereon gracilis,
Homotherium problematicus*
Schurveberg: *Megantereon whitei*
Sterkfontein: *Megantereon gracilis*

T

Tadschikistan:
Daraispon: *Machairodus giganteus*
Kopaly: *Homotherium* sp.
Kuruksai-Navrukho: *Homotherium crenatidens,*
Megantereon cultridenis
Lakhuti 2: *Homotherium* sp.

Tansania:
Manonga: cf. *Machairodus* sp.

Tschad:
Toros-Menalla: *Machairodus kabir*

Tschechien:
Chlum I (Böhmischer Karst): *Homotherium moravicum*
Chlum IV (Böhmischer Karst): *Homotherium moravicum*
Stránsá skálá bei Slatina unweit von Brno (Woldrich-
Höhle): *Homotherium moravicum*
Zlaty kun Höhle C 718 (Böhmischer Karst): *Homotherium*
moravicum

Tunesien:
Bled Douarah: *Machairodus robinsoni*

Türkei:
Cal: *Machairodus aphanistus*
Calta: *Machairodus giganteus*
Denizi: *Machairodus aphanistus*
Esme Akcaköy: *Miomachairodus pseudailuroides*
Kemiklitepe: *Machairodus giganteus*
Kücükçekmece: *Paramachairodus orientalis*
Küçükyozgat: *Machairodus romeri*
Kurtchuk-Tchekmedje: *Machairodus aphanistus*
Mahmutgazi: *Machairodus aphanistus*
Sinap Moyen: *Megantereon pivetaui* n. sp.
Sinap Superieur: *Megantereon hoffstetteri* n. sp.
Yeni Eskihisar: *Miomachairodus pseudailuroides*

U

Ukraine:
Grebeniki: *Machairodus copei*
Liventsovka: *Homotherium crenatidens*
Novo-Yelizavetovka: *Machairodus schlosseri*
Odessa: *Homotherium*
Zheltokamenka: *Machairodus* sp.

Ungarn:
Csákvár: *Paramachairodus orientalis*
Kislang: *Homotherium crenatidens*
Polgárdi: *Paramachairodus orientalis*
Úrkút: *Megantereon whitei*

USA:
American Falls Reservoir (Idaho): *Homotherium serum, Smilodon fatalis*
Anderson Gravel Pit (Kansas): *Homotherium serum*
Aphelops Draw Quarries (Nebraska): *Machairodus coloradensis*
Axtel (Texas): *Machairodus* sp.
Baggett (Texas): *Homotherium* sp.
Bass Point Waterway 1 (Florida): *Smilodon gracilis*
Boardman (Oregon): *Machairodus* sp.
Box (Texas): *Machairodus sp.*
Bridwell Formation (Texas): *Machairodus* cf. *coloradensis*
Camel Canyon (Arizona): *Machairodus* sp.
Campbell Hills bzw. Twentynine Palms Gravel Pit (Kalifornien): *Smilodon fatalis*
Camp Cady bzw. Lake Manix (Kalifornien): *Homotherium serum*
Canton Lake (Oklahoma): *Smilodon fatalis*

Cave ACb-3 (Alabama): *Smilodon fatalis*
Cita Canyon (Texas): *Homotherium crenatidens*
Coffee Ranch bzw. Miami Quarry (Texas): *Machairodus*
cf. *coloradensis*
Conard Fissure (Arkansas): *Smilodon fatalis*
Crystal River Power Plant (Florida): *Smilodon gracilis*
Cumberland Cave (Maryland): *Smilodon fatalis*
Delmont (South Dakota): *Homotherium crenatidens*
Devil's Nest Airstrip (Nebraska): *Machairodus* sp.
Duck Point (Idaho): *Homotherium serum*
Edisto Beach (South Carolina): *Smilodon fatalis*
Edson (Kansas): *Machairodus* cf. *catacopis*
El Jobean Pit (Florida): *Smilodon gracilis*
Fairbanks (Arkansas): *Homotherium* sp.
Fairmead Landfill (Kalifornien): *Smilodon fatalis*
Forsberg Shell Pit (Florida): *Smilodon gracilis*
Fossil Lake (Oregon): *Homotherium serum*
Friesenhahn Cave bzw. Friesenhahn-Höhle bei San Antonio
(Texas): *Homotherium serum*
Gassaway Fissure (Tennessee): *Homotherium serum*
Gilliland (Texas): *Homotherium serum*
Golgotha Watermill Pothole Quarry bzw. Golgotha Hill
(Nevada): *Machairodus* sp.
Gray Fossil Site (Tennessee): cf. *Machairodus* sp.
Greenwood Canyon Quarry bzw. Dalton Quarry
(Nebraska): *Machairodus* sp.
Hagerman (Idaho): *Megantereon hesperus*
Haile lime-stone mines, Alachua County (Florida):
Xenosmilus hodsonae
Hanover Quarry (Pennsylvania): *Smilodon gracilis*
Harrodsburg Crevice (Indiana): *Smilodon fatalis*
Hay Springs Fossil Quarry (Nebraska): *Smilodon fatalis*
Inglis (Florida): *Homotherium* sp. *oder Smilodon gracilis*
Irvington (Kalifornien): *Homotherium serum*
Kendrick (Florida): *Smilodon fatalis*

Lake Manix (Kalifornien): *Homotherium* sp.
Laubach Cave (Texas): *Homotherium serum*
Leisey Shell Pit (Florida): *Smilodon gracilis*
Madison County (Nebraska): *Homotherium serum*
Massacre Rocks (Idaho): *Smilodon fatalis*
McKay Reservoir (Oregon): *Machairodus* sp.
McLeod Limerock Mine (Florida): *Smilodon gracilis*
Merrell (Montana): *Homotherium serum*
Nashville, The First American Bank Site (Tennessee): *Smilodon fatalis*
Optima bzw. Guymon (Oklahoma): *Machairodus catacopis*
Owyhee River (Oregon): *Homotherium* sp.
Pauba Formation (Kalifornien): *Smilodon fatalis*
Pinole Junction (Kalifornien): *Machairodus* sp.
Port Kennedy Cave (Pennsylvania): *Smilodon gracilis*
Quinlan (Oklahoma): *Homotherium* sp.
Rancho La Brea in Los Angeles: *Homotherium serum, Smilodon fatalis*
Reddick (Florida): *Homotherium serum*
Redington (Arizona): *Machairodus* sp.
Rhino Hill Quarry (Kansas): *Machairodus coloradensis*
Rick Irwin Site bzw. Wyman Creek (Nebraska): *Machairodus* sp.
Sabertooth Cave bzw. Lecanto Cave (Florida): *Smilodon fatalis*
Sandahl (Kalifornien): *Homotherium serum*
Sand Draw Quarry (Nebraska): *Homotherium crenatidens*
San Pedro Lumber Yard (Kalifornien): *Smilodon fatalis*
Santa Fee River (Florida): *Smilodon gracilis*
Schuykill-River (Pennsylvania): *Smilodon gracilis*
Silver Creek Junction (Utah): *Smilodon fatalis*
Slaton Quarry (Texas): *Homotherium serum*
Smiths Valley (Nevada): *Machairodus* sp.
Uptegrove (Nebraska): *Machairodus coloradensis*
Vallecito Creek (Kalifornien): *Smilodon gracilis*

Warren (Kalifornien): *Machairodus* cf. *coloradensis*
Western (Oklahoma): *Homotherim serum*
Wikieup Bird Bone Quarry (Arizona): *Machairodus coloradensis*
Withlacoochee River Site (Florida): *Machairodus* sp.
Wray bzw. Beecher Island (Colorado): *Machairodus coloradensis*

V

Venezuela:
El Breal de Orocual (Monagas): *Homotherium*
Mene de Inciarte Tar Seep (Fundstelle 185, Fundstelle 198): *Smilodon populator*
Zumbador Cave (Cueva del Zumbador): *Smilodon populator*

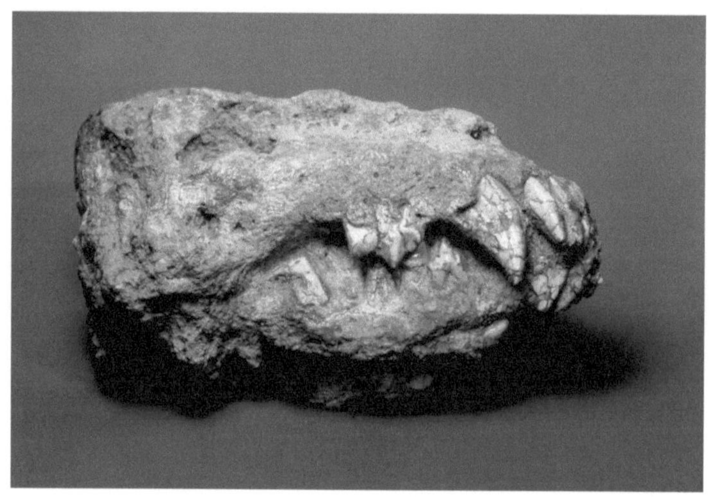

*Schädel eines Jungtieres (oben) und Unterkiefer eines
erwachsenen Tieres (unten) der Säbelzahnkatze Homotherium
crenatidens aus der Spaltenfüllung 11 im Kalksteinbruch bei
Neuleiningen nahe Grünstadt in Rheinland-Pfalz. Originale
im Pfalzmuseum für Naturkunde Bad Dürkheim, und in der
Sammlung von Ulrich H. J. Heidtke, Niederkirchen (Pfalz)*

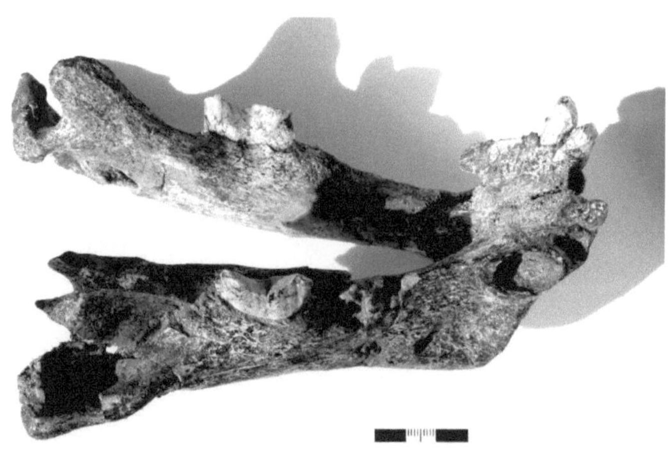

Säbelzahnkatzen und Dolchzahnkatzen in Museen

Museen in aller Welt bewahren in ihren Sammlungen oder Ausstellungen Skelette, Knochen, Zähne oder Modelle von Säbelzahnkatzen oder Dolchzahnkatzen auf. Nachfolgend eine kleine Auswahl:

Argentinien
Das Bernardino Ribadavia-Museum in Buenos Aires zeigt ein komplettes Skelett der Dolchzahnkatze *Smilodon populator* aus dem späten Eiszeitalter.

Deutschland:
Das Hessische Landesmuseum Darmstadt besitzt Reste der Säbelzahnkatze *Machairodus aphanistus* und der Dolchzahnkatze *Paramachairodus ogygius* aus ca. zehn Millionen Jahre alten Ablagerungen des Ur-Rheins (Dinotheriensande) bei Eppelsheim in Rheinhessen.
Das Naturhistorische Museum Mainz bewahrt in seiner Sammlung drei Fossilien der Säbelzahnkatze *Homotherium crenatidens* aus den rund 600.000 Jahre alten Mosbach-Sanden von Wiesbaden auf.
Das Pfalzmuseum für Naturkunde in Bad Dürkheim zeigt den Schädel einer jugendlichen Säbelzahnkatze der Art *Homotherium crenatidens* aus der Spaltenfüllung Neuleiningen 11 bei Grünstadt aus dem Eiszeitalter vor etwa 500.000 Jahren.
Das Museum für Naturkunde Karlsruhe bewahrt Fossilien der Säbelzahnkatze *Homotherium crenatidens* aus Mauer bei Heidelberg auf.
Das Staatliche Museum für Naturkunde Stuttgart besitzt Fossilien der Säbelzahnkatze *Homotherium crenatidens* aus Mauer bei Heidelberg.

Die Forschungsstation für Quartärpaläontologie Weimar der Senckenbergischen Naturforschenden Gesellschaft bewahrt Fossilien von Säbelzahnkatzen *(Homotherium crenatidens)* und Dolchzahnkatzen *(Megantereon cultridens adroveri)* aus Untermaßfeld bei Meiningen auf. Sie stammen aus dem Eiszeitalter vor etwa einer Million Jahren.

England
Das Natural History Museum in London bewahrt Skelette verschiedener Raubkatzen auf.

Finnland
Das Zoological Museum in Helsinki zeigt ein Modell der Säbelzahnkatze *Homotherium* aus dem Eiszeitalter.

Frankreich
Das Departement of Earth Sciences der Université Claude Bernard in Lyon zeigt ein Skelett der Säbelzahnkatze *Homotherium* aus Senèze bei Brioude (Departement Haute-Loire) in Frankreich.
Das Museum of Natural History in Paris zeigt Schädelreste der Säbelzahnkatze *Homotherium crenatidens* aus Perrier und der Dolchzahnkatze *Megantereon cultridens* aus Perrier sowie ein Skelett der Dolchzahnkatze *Smilodon* aus Amerika.
Das „Musée de Paléontologie Christian Guth" von Chilhac in der Auvergne (Departement Haute-Loire) zeigt zwei Eckzähne der Dolchzahnkatze *Megantereon cultridens* aus Chilhac.

Irland
Das National Museum of Ireland in Dublin bewahrt den 1886 in Kessingland (Suffolk) entdeckten Unterkiefer einer Säbelzahnkatze auf, der als erster Fund der Gattung *Homotherium* aus England gilt. Dieses Fossil wurde im Dezember 1907 bei einer Auktion in London ersteigert.

Italien
Das Museum im Department of Earth Sciences der Universität von Florenz zeigt Fossilien von Raubkatzen aus dem Eiszeitalter.

Niederlande
Im Naturhistorischen Museum „Naturalis" in Leiden wird ein fragmentarisch erhaltenes Fersenbein der Säbelzahnkatze *Homotherium* aus der Oosterschelde (Flauwerspolder) aufbewahrt. Dieses Fossil wurde 1971 von einem niederländischen Muschelkutter geborgen.
Das Naturhistorische Museum Rotterdam präsentiert einen etwa 28.000 Jahre alten Unterkieferast der Säbelzahnkatze *Homotherium latidens* aus der Nordsee. Dabei handelt es sich um den geologisch jüngsten Fund einer Säbelzahnkatze in Europa. Dieses Fossil wurde im März 2000 entdeckt und ist ein Geschenk des Fossiliensammlers Klaas Post aus Urk.

Österreich
Das Naturhistorische Museum Wien zeigt die weltweit ersten Modelle der Dolchzahnkatze *Megantereon cultridens* aus Senèze in Frankreich.

Schweiz
Das Naturhistorische Museum Basel zeigt ein Skelett der Dolchzahnkatze *Megantereon cultridens* aus Senèze bei Brioude (Departement Haute-Loire) in Frankreich.

Spanien
Das Archaeological Museum in Banyoles bewahrt Schädel der Säbelzahnkatze *Homotherium* aus dem Eiszeitalter auf.
Das Museum of Natural Sciences in Madrid besitzt Skelette der Säbelzahnkatze *Machairodus* und der Dolchzahnkatze *Paramachairodus* aus dem Obermiozän.

Südafrika

Das South Africa Museum in Kapstadt bewahrt Fossilien von *Dinofelis* von Langebaanweg in Südafrika auf.

Das Transvaal Museum in Pretoria besitzt Schädel der „schrecklichen Katzen" *Dinofelis piveteaui* und *Dinofelis barlowi*.

USA

Das American Museum of Natural History in New York besitzt Skelette der Dolchzahnkatzen *Smilodon populator* und *Smilodon fatalis* sowie der Scheinsäbelzahnkatze *Hoplophoneus mentalis*.

Das National Museum of Natural History in Washington bewahrt Skelette der Scheinsäbelzahnkatze *Hoplophoneus* und der Dolchzahnkatze *Smilodon fatalis* auf.

Das George C. Page Museum in Los Angeles präsentiert Skelette der Dolchzahnkatze *Smilodon fatalis* von der Fundstelle Rancho La Brea aus dem Stadtgebiet von Los Angeles (Kalifornien).

Das Los Angeles Museum zeigt Skelette der Scheinsäbelzahnkatzen *Nimravus* und *Hoplophoneus*.

Das Texas Memorial Museum besitzt ein Skelett der Säbelzahnkatze *Homotherium serum* aus der Friesenhahn-Höhle bei San Antonio in Texas.

Wiesbadener Wissenschaftsautor
Ernst Probst

Der Autor

Ernst Probst, geboren am 20. Januar 1946 in Neunburg vorm Wald im bayerischen Regierungsbezirk Oberpfalz, ist Journalist und Buchautor. Er arbeitete von 1968 bis 1971 als Volontär und Redakteur bei den „Nürnberger Nachrichten", von 1971 bis 1973 in der Zentralredaktion des „Ring Nordbayerischer Tageszeitungen" in Bayreuth und von 1973 bis 2001 bei der „Allgemeinen Zeitung", Mainz. Von 2001 bis 2006 war er zunächst als Buchverleger und später auch als Fossilien- und Antiquitätenhändler aktiv.
In seiner Freizeit schrieb Ernst Probst vor allem populärwissenschaftliche Artikel für die „Frankfurter Allgemeine Zeitung", „Süddeutsche Zeitung", „Die Welt", „Frankfurter Rundschau", „Neue Zürcher Zeitung", „Tages-Anzeiger", Zürich, „Salzburger Nachrichten", „Oberösterreichische Nachrichten", Linz, „Die Zeit", „Rheinischer Merkur", „Deutsches Allgemeines Sonntagsblatt", „bild der wissenschaft", „kosmos", „Deutsche Presse-Agentur" (dpa), „Associated Press" (AP) und den „Deutschen Forschungsdienst" (df).
Aus der Feder von Ernst Probst stammen zahlreiche Beiträge der Buchreihe „Geschichten, die die Forschung schreibt" sowie die Bücher „Deutschland in der Urzeit" (1986), „Deutschland in der Steinzeit" (1991), „Rekorde der Urzeit" (1992), „Dinosaurier in Deutschland" (1993 zusammen mit Raymund Windolf) und „Deutschland in der Bronzezeit" (1996). Von 1986 bis 2011 veröffentlichte er insgesamt mehr als 100 Bücher, Taschenbücher, Broschüren, Museumsführer und E-Books.

Literatur

ABEL, Othenio: Die vorzeitlichen Säugetiere, Jena 1914

ABEL, Othenio: Lebensbilder aus der Tierwelt der Vorzeit, Jena 1921

ANTÓN, Mauricio / MORALES, M. Jorge / TURNER, Alan: First known complete skulls of the scimitar-toothed cat *Machairodus aphanistus* (Felidae, Carnivora) from the Spanish Late Miocene site of Batallones 1. Journal of Vertebrate Paleontology, Vol. 24, Nr. 4, S. 957–969, Deerfield 2004

ARGANT, Alain / ARGANT, Jacqueline / JEANNET, Marcel / ERBAJEVA, Margarita: The big cats of the fossil site Cháteau Breccia Northern Section (Saône-et-Loire, Burgund, France): stratigraphy, palaeoenvironment, ethology and biochronical dating. Courier Forschungs-Institut Senckenberg, 259, S. 121–140, Frankfurt am Main 2007

BACKHOUSE, James: On a mandible of *Machaerodus* from the Forest-bed. Quarterly Journal of the Geological Society, 42, S. 309–312, London 1886

BALLESIO, Roland: Monographie d'un *Machairodus* du gisement Villafranchien de Senèze: *Homotherium crenatidens* Fabrini. Traveaux du Laboratoire de Géologie de la Facultè de Lyon, N.S., no. 9, S. 1–129, Lyon 1963

BEAUMONT, Gerard de: Recherches sur les félidés (Mammifères, Carnivores) du pliocène inférieur des sables à Dinotherium des environs d'Eppelsheim (Rheinhessen). Archives des Sciences, 28 (3), S. 369–405, Genéve 1975

BEAUMONT, Gerard de: Note sur deux nouvelles dents de vore du Vallèsien des Sables à Dinotherium de Rheinhessen. Archives des Sciences, 40 (2), S. 225–229, Genéve 1987

BERTA, Annalisa / GALIANO, Henry: *Megantereon hesperus* from the late Hemphilian of Florida with remarks on the phylogenetic relationships of machairodonts (Mammalia, Felidae, Machairodontinae). Journal of Paleontology 57 (5), S. 892–899, Norman 1983

BOVARD, John Freeman: Notes on Quaternary Felidae from California. University of California Publication Bulletin of Department oft Geology 5, S. 155–170, Berkeley 1907

BRITTIJN, Bas: Scimitars of Ancient Greece. Museum Naturalis Leiden, S. 1–51, Leiden 2007

BRÜNING, Herbert: Die eiszeitliche Tierwelt im Rhein-Main-Gebiet, Mosbacher Sande. Museumsführer Nr. 4, Naturhistorisches Museum Mainz, 1972

BRÜNING, Herbert: Vom Eiszeitalter im Mainzer Becken. Museumführer Nr. 3, Naturhistorisches Museum Mainz, 1973

BRÜNING, Herbert: Die eiszeitliche Tierwelt von Mosbach. Ihre Umwelt – ihre Zeit. Museumsführer Nr. 6, Rheinische Naturforschende Gesellschaft zu Mainz in Verbindung mit dem Naturhistorischen Museum Mainz, 1980

CHRISTIANSEN, Per / ADOLFSSEN, Jan S.: Osteology and ecology of *Megantereon cultridens* SE311 (Mammalia; Felidae; Machairodontinae), a sabrecat from the Late Pliocene – Early Pleiostocene oft Senèze, France. Zoological Journal of the Linnean Society, 151, S. 833–884, London 2007

COPE, Edward Drinker: On the extinct cats of America. Americn Naturalist 14, S. 833–858, Chicago 1880

COX, Barry / DIXON, Dougal / GARDINER, Brian / SAVAGE, R. J. G.: Dinosaurier und andere Tiere der Vorzeit, München 1989

CROIZET, L'Abbe Jean-Baptiste / JOBERT, Antoine: Recherches sur les ossemens fossiles du département du Puy-de-Dome, Paris 1928

CROOK, Harold J.: A Pliocene fauna from Yuma County, Colorado, with notes on the closely related Snake Creek beds from Nebraska. Proceedings of the Colorado Museum of Natural History, V. 4, No. 2, S. 3–30, Denver 1922

DAWKINS, William Boyd / SANFORD, William Ayshford:

The British Pleistocene Mammalia: Part I–IV (Felidae). Palaeontographical Society, S. 1–194, London 1864–1871

DÖPPES, Doris / RABEDER, Gernot: Pliozäne und pleistozäne Faunen Österreichs. Ein Katalog der wichtigsten Fundstellen und ihrer Faunen (Endbericht des Forschungsberichtes Nr. 9320 des „Fonds zur Förderung der wissenschaftlichen Forschung") mit Beiträgen von Petra Cech, Doris Döppes, Thomas Einwögerer, Florian A. Fladerer, Christa Frank, Karl Mais, Doris Nagel, Marion Niederhuber, Martina Pacher, Rudolf Pavuza, Gernot Rabeder, Christian Reisinger, Harald Temmel, Gerhard Withalm. Mitteilungen der Kommission für Quartärforschung der Österreichischen Akademie der Wissenschaften, Band 10, Wien 1997

FABER, Rolf: Moskebach – Biebrich-Mosbach 991–1971. Chronik von Dr. Rolf Faber im Auftrag des Verschönerungs- und Verkehrsvereins Biebrich am Rhein e. V., Wiesbaden-Biebrich 1991

FABRINI, Emilio: 1. *Machairodus (Megantereon)* del Val d'Arno superiore. Estratto del Bolletino del R. Comitato Geolologico (3) 1, S. 121–144, 161–177, Rom 1890

FICCARELLI, Giovanni: The Villafranchian Machairodonts of Tuscany. Paleontographica Italica, vol. 71, S. 17–26, Pisa 1979

FISCHER, Karlheinz: Ein Leoparden-Fund, *Panthera pardus* (L., 1758), aus dem jungpleistozänen Rixdorfer Horizont von Berlin und die Verbreitung des Leoparden im Pleistozän Europas. Mitteilungen aus dem Museum für Naturkunde in Berlin, Geowiss. Reihe 3, S. 211–227, Berlin 2000

FRANZEN, Jens Lorenz / ROOS, Heiner / PROBST, Ernst: Das Dinotherium-Museum in Rheinhessen, Eppelsheim 2009

GOLDFUSS, Georg August: Die Umgebungen von Muggendorf, Erlangen 1810

HARINGTON, Charles Richard: American scimitar cat. Beringia Research Notes 7, S. 1–4, Whitehorse 1996

HEIDTKE, Ulrich: Eine Großsäuger-Fauna aus dem älteren

Pleistozän der Pfalz (Spaltenfüllung Neuleiningen 11). Mitteilungen der Pollichia, 67, S. 135–141, Bad Dürkheim 1979 Heft 7, S. 1–23, Erlangen 1953

HEIZMANN, Elmar P. / GINSBURG, Léonard / BULOT, Christian: *Prosansanosmilus peregrinus,* ein neuer Machairodontider Felide aus dem Miocän Deutschlands und Frankreichs. Stuttgarter Beiträge zur Naturkunde, Serie B, Nr. 58, 27, Stuttgart 1980

HEMMER, Helmut: Zur Kenntnis pleistozäner mitteleuropäischer Pantherkatzen (Pantherinae), Teil I. Veröffentlichungen der Zoologischen Staatssammlung, 1, S. 15–36, München 1971

HEMMER, Helmut: Untersuchungen zur Stammesgeschichte der Pantherkatzen (Pantherinae), Teil III. Zur Artgeschichte des Löwen *Panthera (Panthera) leo* (Linnaeus 1758). Veröffentlichungen der Zoologischen Staatssammlung München, Band 17, S. 167–280, München 1974

HEMMER, Helmut: Die Feliden aus dem Epivillafranchium von Untermaßfeld. Aus: KAHLKE, Ralf-Dietrich (Hrsg.): Das Pleistozän von Untermaßfeld bei Meiningen (Thüringen). Teil 3. Monographien des Römisch-Germanischen Zentralmuseums, 40/3, S. 699–782, Mainz 2001

HEMMER, Helmut: Pleistozäne Katzen Europas – eine Übersicht. Cranium, 20 (2), S. 6–22, Amsterdam 2004

HEMMER, Helmut / SCHÜTT, Gerda: Ein Gepardenfund aus den Mosbacher Sanden (Altpleistozän, Wiesbaden). Mainzer Naturwissenschaftliches Archiv, 9, S. 118–131, Mainz 1970

HEMMER, Helmut / KAHLKE, Ralf Dietrich / KELLER, Thomas: *Panthera onca gombaszoegensis* aus den frühmittelpleistozänen Mosbach-Sanden (Wiesbaden, Hessen, Deutschland). Ein Beitrag zur Kenntnis der Variabilität und Verbreitungsgeschichte des Jaguars. Neues Jahrbuch für Geologie und Paläontologie, Abhandlungen, 229 (1), S. 31–60, Stuttgart 2003

HEMMER, Helmut / KAHLKE, Ralf Dietrich / VEKUA, Abesalom K.: The Old World puma – *Puma pardoides* (Owen, 1946) (Carnivora: Felidae) – in the lowe Villafranchian (Upper Pliocene) of Kvabesi (East Georgia, Transcaucasia) and its evolutionary and biogeographical significance. Neues Jahrbuch für Geologie und Paläontologie, Abhandlungen 233 (2), S. 197–321, Stuttgart 2004

HEMMER, Helmut / KAHLKE, Ralf-Dietrich / KELLER, Thomas: Geparde im Mittelpleistozän Europas: *Acinonyx pardinensis* (sensu lato) *intermedius* (Thenius, 1954) aus den Mosbach-Sanden (Wiesbaden, Hessen, Deutschland). Neues Jahrbuch für Geologie und Paläontologie, Abhandlungen, 249 (3), S. 345–356, Stuttgart 2008

HENDEY, Quinley Brett: The late Cenozoic Carnivora of the south-western Cape Province. Annals of the South African Museum, 63, S. 1-369, London 1974

HILPERT, Brigitte / KAULICH, Brigitte / ROSENDAHL, Wilfried: Die Zoolithenhöhle bei Burggaillenreuth (Fränkische Alb, Süddeutschland). Forschungsgeschichte, Geologie, Paläontologie und Archäologie. Aus: AMBROS, Dieta / GROPP, Christof / HILPERT, Brigitte / KAULICH, Brigitte: Neue Forschungen zum Höhlenbären in Europa. Abhandlungen der Naturhistorischen Gesellschaft Nürnberg, 45, S. 259–304, Nürnberg 2005

HOOIJER, Dirk A.: The Sabre-toothed cat *Homotherium* found in the Nederlands. Lutra, 4, S. 24–26, Leiden 1962

JEFFERSON, George T. / TEJADA-FLORES, Antonia E.: The Late Pleistocene Record of *Homotherium* (Felidae: Machairodontinae) in the Southwestern United States. PaleoBios, Volum1 15, Number 3, S. 37–46, Berkeley, 24. Mai 1993

KAHLKE, Hans Dietrich: Die Eiszeit, Leipzig 1994

KAHLKE, Ralf-Dietrich (Hrsg.): Das Pleistozän von Untermaßfeld bei Meiningen (Thüringen). Teil 1. Monographien des Römisch-Germanischen Zentralmuseums, Mainz 1997

KAHLKE, Ralf-Dietrich (Hrsg.): Das Pleistozän von Unter-
maßfeld bei Meiningen (Thüringen). Teil 2. Monographien
des Römisch-Germanischen Zentralmuseums, Mainz 2001
KAHLKE, Ralf-Dietrich (Hrsg.): Das Pleistozän von Unter-
maßfeld bei Meiningen (Thüringen). Teil 3. Monographien
des Römisch-Germanischen Zentralmuseums, Mainz 2001
KAHLKE, Ralf-Dietrich: Bedeutende Fossilvorkommen des
Quartärs in Thüringen. Teil 5: Großsäugetiere. Aus:
KAHLKE, Ralf-Dietrich / WUNDERLICH, Jürgen (Hrsg.):
Tertiär und Quartär in Thüringen. Beiträge zur Geologie von
Thüringen, Neue Folge 9, S. 207–232, Jena 2002
KAHLKE, Ralf-Dietrich: Late Early Pleistocene European
large mammals and the concept of an Epivillafranchian
biochron. Courier Forschungsinstitut Senkenberg 259, S. 265–
278, Frankfurt am Main 2007
KAUP, Johann Jakob: Vier urweltliche Raubthiere, welche
im zoologischen Museum zu Darmstadt aufbewahrt werden.
Archiv für Mineralogie, Geognosie, Bergbau und Hüttenkun-
de 5, S. 150-158, Berlin 1832
KAUP, Johann Jakob: Description d'Ossemens fossiles des
Mammifères inconnus jusquà présent qui se trouvent au
Muséum grand ducal de Darmstadt, 2 volumes, Darmstadt
1833
KAUP, Johann Jakob: Über *Machairodus cultridens* KAUP.
Jahrbuch für Mineralogie, Geognosie, Geologie und Petre-
faktenkunde, S. 270–272, Stuttgart 1859
KELLER, Thomas: Die eiszeitlichen Mosbach-Sande bei
Wiesbaden. Paläontologische Denkmäler in Hessen 3, Wies-
baden 1994
KELLER, Thomas / LÖSCHER, Manfred: Biostratigraphi-
sche Altersbestimmung an eiszeitlichen Faunenfundstellen:
Das Projekt Mauer-Mosbach. Denkmalpflege & Kulturge-
schichte, 2, S. 38–40, Wiesbaden 2008
KITTL, Ernst: Beiträge zur Kenntnis der fossilen Säugetiere
von Maragha in Persien. I. Carnivoren. Annalen des k. k.

Naturhistorischen Hofsmuseums, Band II, S. 317–341, Wien 1887

KOENIGSWALD, Gustav Heinrich Ralph von: Fossil cats from the Tegelen clay. Publicaties van het Naturhistorisch Genoot-schap in Limburg, 12, S. 19–27, Limburg 1960

KOENIGSWALD, Wighart von: Zur Ökologie und Biostratigraphie der beiden pleistozänen Faunen von Mauer bei Heidelberg. Aus: BEINHAUER, Karl W. / WAGNER, Günther A.: Schichten von Mauer. 85 Jahre *Homo erectus heidelbergensis,* S. 101–110, Mannheim 1992

KOENIGSWALD, Wighart von: Lebendige Eiszeit, Stuttgart 2002

KOENIGSWALD, Wighart von / NAGEL, Doris / MENGER, Frank: Ein jungpleistozäner Leopardenkiefer von Geinsheim (nördliche Oberrheinebene, Deutschland) und die stratigraphische und ökologische Verbreitung von *Panthera pardus.* Neues Jahrbuch für Geologie und Paläontologie, Monatshefte (5), S. 177–297, Stuttgart 2006

KRETZOI, Miklós: Die Raubtiere von Gombaszök nebst einer Übersicht der Gesamtfauna. Annales historico-naturales Musei Nationalis Hungarici, Pars Mineralogica, Geologica, Paleontologica 31, S. 88–157, Budapest 1938

KOUFOS, George D.: The Villafranchian mammalian faunas and biochronolgy of Greece. Bolletino della Società Paleontologica Italiana 40 (2), S. 217–223, Modena 2001

LEIDY, Joseph: Notice of some vertebrates remains from Hardin County, Texas. Proceedings of Academy of Natural and Science of Philadelphia, S. 174–176, Philadelphia 1868

LEIDY, Joseph: Descriptions of Mammalian Remains from a Rock Crevice in Florida. Transactions of the Wagner Free Institute of Science II. S. 13–17, Philadelphia 1889

LIEBIG, Volker / ROSENDAHL, Wilfried (Herausgeber): Spuren im Sand. Der Urmensch und die Sande von Mauer. Kulturgestein, Band 3, Stuttgart 2007

LUND, Peter Wilhelm: Blik paa Brasiliens Dyreverden för

sidste jordomvaeltning. Fjeder Afhandling: Fortsaettelse af Pattedyrene. Lagoa Santa d. 30 Januar 1841, Kopenhagen 1842

MARTIN, Larry Dean / SCHULTZ. Charles Bertrand / SCHULTZ, Marion R.: Saber-toothed cat from the Plio-Pleistocene of Nebraska. Transactions of the Nebraska Academy of Sciences 16, S. 153–163, Omaha 1988

MARTIN, Larry Dean / BABIARZ, John P. / NAPLES, Virginia L. / HEARST, Jonena: Three ways To Be a Saber-Toothed Cat. Naturwissenschaften 87, S. 41–44, Berlin/Heidelberg 2000

MAZAK, Vratislav: On a Supposed Prehistoric Representation of the Pleistocene Scimitar Cat *Homotherium* Fabrini, 1890 (Mammalia; Machairodontinae). Zeitschrift für Säugetierkunde, 35 (6), S. 359–362, Stuttgart 1970

MEADE, Grayon E.: The saber-toothed cat, *Dinobastis serus*. Bulletin of the Texas Memorial Museum, No. 2 (Part II), S. 23–60, Austin 1961

MEIN, Pierre: Report on activity RCMNS-Workgroups, 1971–1975, S. 78–81, Bratislava 1975

MERRIAM, John Campel / STOCK, Chester: The Felidae of Rancho La Brea. Carnegie Museum of Natural History Special Publication, 422, S. 1–321, Washington 1932

MOL, Dick: Bewijs komt van de bodem van de Noordzee. Sabaltandtijger leefde in Europa nog in het Laat-Pleistoceen. Straatgras 15 (1/2), S. 9–11, Rotterdam 2003

MOL, Dick: Het verwisselen van eigenaar van een onderkaak von een sabeltandkat aan het begin van de vorige eeuw en nu. Cranium 25, 1, Rotterdam 2008

MOL, Dick / LOGCHEM, Wilrie van / HOOIJDONK, Kees van, BAKKER, Remie: De Sabeltand Tijger uit de Nordzee, Norg 2007

MOL, Dick / LOGCHEM, Wilrie van: The saber-toothed cat of the North Sea. Deposits, Issue 16, Seite 28–30, Southwold 2008

MOL, Dick / LOGCHEM, Wilrie van / HOOIJDONK, Kees van / BAKKER, Remie: The Saber-Toothed Cat of the Nord sea, Norg 2008

MOL, Dick / LOGCHEM, Wilrie: Nieuw uit de Nordzee: de grote sabeltandkat *Homotherium crenatidens*. Straatgras 20 (4), S. 50–52, Rotterdam 2008

MORLO, Michael: Die Raubtiere (Mammalia, Carnivora) aus dem Turolium von Dorn-Dürkheim 1 (Rheinhessen). Teil 1: Mustelida, Hyaenidae, Percrocutidae, Felidae. Courier Forschungs-Institut Senckenberg 197, S. 11–47, Frankfurt am Main 1997

MORLO, Michael / PEIGNE, Stéphane / NAGEL, Doris: A new species of *Prosansanosmilus*: implications for the systematic relationships of the family Barbourofelidae new rank (Carnivora, Mammalia). Zoological Journal of the Linnean Society, 140, S. 43–61, London 2004

NAGEL, Doris: *Panthera pardus* und *Panthera spelaea* (Felidae) aus der Höhle von Merkenstein/Niederösterreich. Wissenschaftliche Mitteilungen des Niederösterreichischen Landesmuseums, 10, S. 215–224, St. Pölten

NEUBAUER, Christine: Säbelzahntiger und wie sie lebten. Seminararbeit im Rahmen der Lehrveranstaltung, Wien, 9. Februar 2007

ORLOV, Juri Aleskandrowitsch: Tertiäre Raubtiere des Westlichen Sibiriens. I. Machairodontinae. Travaux de l'Institut de Paléozoologie, Academie des Sciences d'URSS, 5, S. 111–152, Moskau–Leningrad 1936

OWEN, Richard: A history of British mammals and birds. S. 1–560 (S. 174–183), London 1846

PEIGNÉ, Stéphane / BONIS, Louis de / LIKIUS, Andossa / MACKAYE, Hassane Taisso / VIGNAUD, Patrick / BRUNET, Michel: A new machairodontine (Carnivora, Felidae) from the late Miocene hominid locality of TM 266, Toros-Menalla, Tschad. Comptes Rendus de l'Académie des Sciencies, Paris, Vol. 4, S. 243–253, Paris 2005

PIA, Julia / SICKENBERG, Otto: Katalog der in den österreichischen Sammlungen befindlichen Säugetierreste des Jungtertiärs Österreichs und der Randgebiete, Wien 1934
PILGRIM, Guy Ellcock: The correlation of the Siwaliks with mammal horizons in Europe. Records of the Geological Survey of India 40, S. 63–71, Calcutta 1913
PILGRIM, Guy Ellcock: Catalogue of the Pontian Carnivora oft Europe in the Department of Geology. British Museum London, London 1931
PROBST, Ernst: Deutschland in der Urzeit, München 1986
PROBST, Ernst: Wie die Löwen die Welt eroberten. Aus: PREUSS, Karl-Heinz / SIMEN, Rolf H.; Geschichten, die die Forschung schreibt, Band 9, 60 Reisen durch die Wissenschaft, S. 71–73, Bonn 1990
PROBST, Ernst: Deutschland in der Steinzeit, München 1991
PROBST, Ernst: Rekorde der Urzeit, München 2008
PROBST, Ernst: Rekorde der Urmenschen, München 2008
PROBST, Ernst: Der Ur-Rhein. Rheinhessen vor zehn Millionen Jahren, München 2009
PROBST, Ernst: Höhlenlöwen. Raubkatzen im Eiszeitalter, München 2009
RABEDER, Gernot: Der Panther vom Steinfeld. Die neuesten Ergebnisse der Grabung in der Ochsenhalthöhle. Unser Weißenbach 4, 15, Weißenbach bei Liezen 2003
REICHENAU, Wilhelm von: Beiträge zur näheren Kenntnis der Carnivoren aus den Sanden von Mauer und Mosbach. Abhandlungen der Großherzoglichen Hessischen Geologischen Landesanstalt zu Darmstadt, Band IV, Heft 2. 189–313, Darmstadt 1906
REUMER, Jelle W. F. / ROOK, Lorenzo / VAN DER BORG, Klaas / POST, Klaas / MOL, Dick / DE VOS, John de: Late Pleistocene survival of the Saber-Toothed Cat Homotherium in Northwestern Europe. Journal of Vertebrate Paleontology 23 (1), S. 260–262, Deerfield 2003
ROTH, Johannes / WAGNER, Andreas: Die fossilen Kno-

chenüberreste von Pikermi in Griechenland. Abhandlungen der mathematisch-physikalischen Classe der Königlich Bayerischen Akademie der Wissenschaften, 7, S. 371–464, München 1854

RÜGER, Ludwig: *Machairodus latidens* Owen aus den altdiluvialen Sanden von Mauer a. d. Elsenz. Sitzungsberichte der Heidelberger Akademie der Wissenschaften, Mathematisch-Naturwissenschaftliche Klasse, Berlin – Leipzig 1929

SABOL, Martin / HOLEC, Peter / Wagner, Jan: Late Pliocene Carnivores from Vceláre 2 (Southeastern Slovakia). Paleontological Journal, Vol. 42, No. 5, S. 531–543, Moskau 2008.

SALESIA, Manuel J. / ANTÒN, Mauricio / TURNER, Alan / MORALES, Jorge: Inferred behaviour and ecology of the primitive saber-toothed cat *Paramachairodus ogygia* (Felidae, Machairodontinae) from the Late Miocene of Spain. Journal of Zoology, 266, S. 243–254, London 2006

SANDER, Anne: Ein Jaguar-Neufund aus den mittelpleistozänen Mosbach-Sanden. Hessen Archäologie 2003, herausgegeben von der Archäologischen und Paläontologischen Denkmalpflege des Landesamtes für Denkmalpflege Hessen, S. 17–19, Wiesbaden 2003

SCHAEFER, Hans: Die pontische Säugetierfauna von Charmoille (Jura bernois). Eclogae Geologicae Helvetiae 54, S. 559–565, Basel 1961

SCHAUB, Samuel: Ueber die Osteologie von *Machaerodus cultridens* Cuvier. Eclogae Geologicae Helvetiae, 19 (1), S. 255–266, Basel 1925

SCHLOSSER, Max: Die fossilen Säugetiere Chinas. Abhandlungen der Königlich Bayerischen Akademie der Wissenschaften, II. Klasse, Band XXII, München 1903

SCHMIDT-KITTLER, Norbert: Raubtiere aus dem Jungtertiär Kleinasiens. Palaeontographica A, 155, S. 1–131, Stuttgart 1976

SCHMITTGEN, Otto: *Felis pardus* spec. L. aus dem Mosbacher Sand. Sonderdruck aus „Jahrbücher des Nassauischen Vereins für Naturkunde", Jahrgang 74, S. 51–58, München und Wiesbaden 1922

SCHÜTT, Gerda: Untersuchungen am Gebiß von *Panthera leo fossilis* (V. Reichenau 1906) und *Panthera leo spelaea* (Goldfuss 1810). Ein Beitrag zur Systematik der pleistozänen Großkatzen Europas. Neues Jahrbuch für Geologie und Paläontologie, Abhandlungen 134, S. 192–220, Stuttgart 1969

SCHÜTT, Gerda: *Panthera pardus sickenbergi* n. subsp. aus den Mauerer Sanden. Neues Jahrbuch für Geologie und Paläontologie, Monatsheft, S. 299–310, Stuttgart 1969

SCHÜTT, Gerda: Ein Gepardenfund aus den Mosbacher Sanden (Altpleistozän, Wiesbaden). Mainzer naturwissenschaftliches Archiv, 9, S. 118–131, Mainz 1970

SCHÜTT, Gerda: Nachweis der Säbelzahnkatze *Homotherium* in den altpleistozänen Mosbacher Sanden (Wiesbaden, Hessen). Neues Jahrbuch für Geologie und Paläontologie. Monatshefte (3), S. 187–192, Stuttgart 1970

SCHÜTT, Gerda / HEMMER, Helmut: Zur Evolution des Löwen (*Panthera leo* L.) im europäischen Pleistozän. Neues Jahrbuch für Geologie und Paläontologie, Monatshefte 4, S. 228–255, Stuttgart 1978

SENYÜREK, Muzaffer S.: A new species of *Epimachairodus* from Kücükyozgat. Türk Tarih Kurumu Belleten, 21 (81), S. 1–60, Ankara 1957

SOTNIKOVA, Marina V.: A new species from the late Miocene Kalmakpai locality in eastern Kazakhstan (USSR). Ann. Zool. Fennici 28, S. 361–369, Helsinki 1992

SOTNIKOVA, Marina V. / BAIGUHSHEVA, Vera S. / TITOV, Vadim Vladimirovich: Carnivores of the Khapry Faunal Assemblage and Their Stratigraphic Implications. Stratigraphy and Geological Correlation, Vol. 10. No. 4, S. 375–390, Moskau 2002. Translated from Stratigrafiya, Geologicheskaya Korrelyatsiya, Vol. 10, No. 4, S. 62–78. Original Russian Text, 2002

SPINAR, Zdenek V.: Leben in der Urzeit, Hanau 1984

STORCH, GERHARD: 157. Säbelzahnkatzen. Aus: SCHÄ-
FER, Wilhelm: Lerne im Museum. 182 Themen zur Natur-
geschichte aus dem Senckenberg-Museum, Kleine Sen-
ckenberg-Reihe Nr. 5 der Senckenbergischen Naturforschenden Gesellschaft, S. 350–351, Frankfurt am Main
THENIUS, Erich: Gepardreste aus dem Altquartär von
Hundsheim in Niederösterreich. Neues Jahrbuch für Geologie und Paläontologie, Monatshefte, S. 225–238, Stuttgart
1954
TURNER, Alan / ANTÓN, Mauricio: The big cats and their
fossil relatives, New York 1997
VAN HOOIJDONK, Kees: De vonst van de maand. De vondst
van een calcaneum of hielbeen van een Pleistocene sabeltandtijger. Cranium 15 (2), S. 63–66, Rotterdam 1998
VAN HOOIJDONK, Kees: De sabeltandtijger *Homotherium
latidens* in Nederland. De vonst van een niet alledaags fossiel,
Grondboor & Hamer. Tweemaandelijks tijdschrift van de
Nederlandse Geologische Verenigung 53 (6), S. 119–123,
Maasstricht 1999
VAN HOOIJDONK, Kees: Europese vindplaatsen. Il était
une fois ... Il y près de 2.000.000 d'annes à Chilhac. Cranium
19 (2), S. 164–167, Rotterdam 2002
VAN HOOJDONK, Kees: Wetenswaardigheden over *Homotherium*. Was *Homotherium* zoolganger of teenganger? Cranium 20 (2), S. 23–30, Rotterdam 2003
VAN HOOIJDONK, Kees: De Sabeltandkatten *Homo-
therium* en *Megantereon* (Felidae, Carnivora) van de Plio-
Pleistocene site van Senèze (Haute Loire, Fr.). Cranium 23
(2), S. 25–38, Rotterdam 2006
WERDELIN, Lars / SARDELLA, Raffaela: The „Homotherium" from Langebaanweg, South Africa and the origin
of *Homotherium*. Palaeontographica, Abt. A., 277, S. 123–
130, Stuttgart 2006
WERDELIN, Lars / LEWIS, Margaret E.: A revision of the
Genus *Dinofelis* (Mammalia, Felidae). Zoological Journal of

the Linnean Society, Vo. 132, 1, S. 147–258, London 2001

WIEDENROTH, Horst Gustav / NAGEL, Doris / LÖDL, Martin: *Megantereon cultridens* – Eine Säbelzahnkatze nimmt Formen an. Der Präparator, 47 (3), S. 125–132, Göttingen 2002

WIKIPEDIA Freie Enzyklopädie http://wikipedia.org/wiki/ELMMZ_Neogen

WOLDRICH, Josef: První nálezy Machaerodu v jeskynním diluviin moravském a dolnorakouském. Rozpravy Ceské akademie císare Frantiska Josefa pro vedy, slovesnost a umení, trrída II., 25 (12): Praha 1916

WOLF, Josef: Menschen der Urzeit. Die Entwicklung des Lebens auf unserer Erde, Illustrationen von Zdenek Burian unter der Leitung von Prof. J. Augusta, D. V. Mazek, Prof. Z. Spinar, Dr. J. Wolf, Prag 1988

ZAGWIJN, Waldo H. / JONG, Jan de: Die Interglaziale von Bavel und Leerdam und ihre stratigraphische Stellung im niederländischen Früh-Pleistozän. Mededelingen Rijks Geoloische Dienst, 37, S. 155–169, Haarlem 1984

ZDANSKY, Otto: Jungtertiäre Carnivoren Chinas. Palaeontologica Sinica 2, S. 1–149, Peking 1924

Bildquellen

Klaus Benz, Fotograf, Mainz-Laubenheim: 7 unten, 74
Rene Bleuanus, Bleudesign, Gorinchem: 6 oben, 12
Javier Cáceres, Madrid: 1
Ulrich H. J. Heidtke, Niederkirchen (Pfalz): 68 oben, 68 unten
Lagoasanta.com: 26
Patricio Lorente, La Plata, Argentinien: 34
Sergio De la Rosa Martinez, Toluca, Mexiko: 30 oben, 30 unten
MCZ Harvard: 14 oben
Reproduktion aus: MOL, Dick / LOGCHEM, Wilrie van / HOOIJDONK, Kees van / BAKKER, Remie: The Saber-Toothed Cat of the Nord Sea, Norg 2008: 6 unten, 55
Reproduktion aus: SOTNIKOVA, Marina V.: A new species of *Machairodus* from the late Miocene Kalmakpai locality in eastern Kazakhstan (USSR), Helsinki 1992: 53
Reproduktion aus: Tiere der Urwelt (Creatures of the Primitive World), Series 1 and 2. Illustrated by F. John, Printed 1902 and 1906(?), Germany: 6 zweites Bild von oben, 16 oben
Reproduktion eines Fotos vor 1923: 32 oben
Reproduktionen aus: ABEL, Othenio: Lebensbilder aus der Tierwelt der Vorzeit. Zweite erweiterte Auflage, Wien 1927: 18, 20
Reproduktionen von Gemälden von Charles Robert Knight: 6 zweites Bild von unten, 16 unten, 32 unten
Miron Seffzek, Urzeitshop www.urzeitshop.de, Duvensee: 36 oben, 36 unten, 37
Shuhei Tamura, Kanagawa, Japan: 14 unten, 28
Kees van Hooijdonk, Rucphen, Niederlande: 7 oben, 43, 48

Bücher von Ernst Probst

Affenmenschen
Von Bigfoot bis zum Yeti

Archaeopteryx
Der Urvogel aus Bayern

Das Dinotherium-Museum Eppelsheim
Führer durch die Ausstellung
(zusammen mit Dr. Jens Lorenz Franzen
und Heiner Roos)

Der Schwarze Peter
Ein Räuber im Hunsrück und Odenwald

Der Ur-Rhein
Rheinhessen vor zehn Millionen Jahren

Dinosaurier in Deutschland
Von Efraasia bis zu Stenopelix

Dinosaurier von A bis K
Von Abelisaurus bis zu Kritosaurus

Dinosaurier von L bis Z
Von Labocania bis zu Zupaysaurus

Höhlenlöwen
Raubkatzen im Eiszeitalter

Johann Jakob Kaup
Der große Naturforscher aus Darmstadt

Taschenbücher von Doris Probst

Weisheiten und Torheiten über das Alter

Weisheiten und Torheiten über die Arbeit

Weisheiten und Torheiten über die Ehe

Weisheiten und Torheiten über Frauen

Weisheiten und Torheiten über Männer

Weisheiten und Torheiten über Mütter

Weisheiten und Torheiten über Kinder

Weisheiten und Torheiten über die Liebe

Der Ball ist ein Sauhund
Weisheiten und Torheiten über Fußball

Worte sind wie Waffen
Weisheiten und Torheiten über die Medien

Adlerschrei und Zitronenfalter
Gedichte über Tiere

*

Bestellungen von E-Books und Taschenbüchern
bei: www.grin.com
Bestellungen von Taschenbüchern bei: www.libri.de